Introduction to Aviation: Technology, Industry and Policy

UT Study Group for Aviation Innovation, Shinji Suzuki, Masako Okano

東京大学航空イノベーション研究会・鈴木真二・岡野まさ子 [編]

現代航空論

技術から産業・政策まで

東京大学出版会

Introduction to Aviation: Technology, Industry and Policy
UT Study Group for Aviation Innovation,
Shinji SUZUKI and Masako OKANO, eds.
University of Tokyo Press, 2012
ISBN978-4-13-072150-9

まえがき

　航空は高速遠距離輸送手段として人類の経済活動，国際交流の要をなす飛躍的な発達を遂げ，現代社会に欠かせないものとなっている．航空機製造，航空運送からなる航空産業には，安全性・信頼性の認証，先端技術の研究開発，航空路の協定，空港インフラ，経済外交等，政策的な課題が多く，航空輸送の増大への対応，環境への一層の配慮は，新たなイノベーションを必要としている．航空輸送はアジアの成長に支えられ，今後とも大きな発展が予測され，世界的にも航空産業は戦略産業として捉えられている．こうした状況のなか，わが国では，航空機製造，航空運送事業ともに大きな転換が迫られている．

　第二次世界大戦後，世界的な規模を誇ったわが国の航空機製造事業はすべて崩壊したが，戦後の空白の後に復興し，1962年には戦後初の国産旅客機YS-11が初飛行した．ただし，単独での世界への参入は壁が厚く，その後は，ジェットエンジンも含め，国際共同開発の道を進み成長を遂げている．そして，さらなる発展のためには，わが国が主体となる開発が望まれ，YS-11以来半世紀ぶりに旅客機の全機開発が進行中である．航空運送に関しても，大戦後，独自の活動は閉鎖されたが，再開後は急速に成長を遂げ，高度成長期には世界と輸送量を競うまでになった．ただし，わが国のバブル経済の崩壊とともに，世界的な規制緩和による自由化とローコストキャリアの台頭など世界の航空運送ビジネスモデルが大きく変化するなかで，わが国の航空運送事業の世界的な地位が低下している．

　今，航空産業への期待が再び高まるのは，航空製造業は，空洞化する国内産業で高度な技術からサービスまで含めた産業規模の拡大のために，そして，航空運送事業は，アジアの成長を取り込んだ国内経済活性化のために，それぞれ連携して発展が見込まれるからである．そのためには，人材育成が重要なことは言うまでもない．東京大学では，広範な航空の全貌を俯瞰することを目的に，学内の航空関連の研究者を中心に，産学官の専門家の方々の協力

を得て,「航空技術・政策・産業特論」という通年の大学院講義を 2008 年度より開始した．その目的は，熾烈な国際競争に晒されている航空産業で活躍できる人材を育成することであり，航空工学だけではなく，航空機製造業や航空運送事業のビジネスモデル，経営学，航空金融，航空政策等について理解を深めることである．本書は，講義および演習のエッセンスを教科書として集約したもので，結果として各分野の第一人者の方々に執筆いただくことができた．航空の持つ技術およびビジネスの特殊性と，さまざまな国際および国内の規制を理解する入門書として機能することを目的とした本書は，航空に関する各分野を学ぶ学生諸氏のみならず，産業界，官界，研究機関の社会人諸氏にも広範な航空分野のナビゲーターとしてお役に立てるものと信じる．折しも，1962 年 8 月 30 日に YS-11 が初飛行してから 50 年目にあたる本年に，本書を出版することができた．本書が，航空の更なる飛躍のための一助となれば幸いである．

目的と対象範囲

「まえがき」で述べたとおり，本書は，東京大学において開講されている大学院向けの講義の内容をベースとし，航空に関心のある幅広い読者を念頭に，航空システム全体を俯瞰的に解説した入門書として作成されている．

航空システムは非常に巨大かつ複雑なシステムであり，航空機製造事業（メーカー）と航空運送事業（エアライン）のほか，金融機関や大学・研究機関，政府等といった主なプレーヤーが密接かつ複雑に関係して成り立っている．本書では可能な限り航空システム全体をカバーすることとしており，その対応関係を図示したものが下図である．これは，航空システムにおける主なプレーヤーとそれぞれの関係を示したものに，本書の各章・節の対応関係を加筆している．

図に示す通り，WTOにおける補助金協定の関係など，本書でカバーしてい

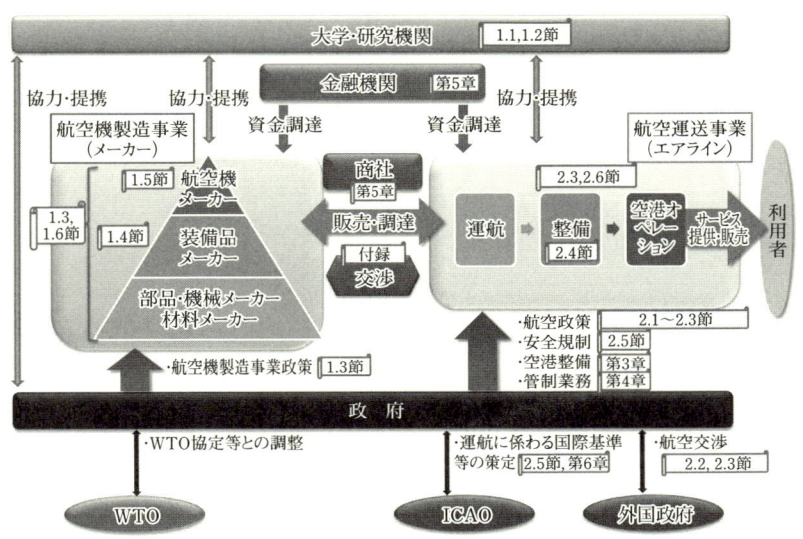

ないものもあるが，概ねすべての分野について触れられており，このように広範な分野にわたって網羅的に解説している書籍は他に例がないものと自負している．

一方で，各章はそれぞれ独立して読むことも可能である．このため，主に航空機製造業に関連する部分に関心のある読者には第1章が，航空運送事業に関連する制度や政策などに関心のある読者には第2章，第3章がそれぞれ参考になるだろう．また，一般向けの書籍ではあまり取り上げられない航空管制システムについても，第4章でわかりやすく解説している．航空金融や航空機の販売・調達については，第5章に詳述されており，近年，重要性を増している地球環境問題については，第6章で最近の動向を解説している．

さらに，重要だが本文だけでは紙面の関係で詳しく説明できない項目について，トピックという形で各章の章末に加え，読者の理解と関心を深めるよう努めた．

なお，本書のベースとなっている東京大学の講義では，航空に関する幅広い知識について学ぶのみならず，習得した知識を実際の実務の場で活かすことができるよう，米国ハーバード大学のロースクール等で実施されている交渉学の演習も取り入れている．講義の最後には，集大成として，実際のビジネスの事例に近いケースを基に，航空機製造会社と航空会社に分かれて交渉を行うというビジネスシミュレーション演習を実施している．このため，その概要についても付録として掲載した．他の大学におけるカリキュラム設計の参考となれば幸いである．

本書が，航空産業で活躍する優れた人材を育てるとともに，1人でも多くの方に航空に関する理解を深めることに寄与することとなれば，望外の喜びである．

＊なお，本書の文中で「現在」というときは，基本的に2012年3月時点を示す．

目次

まえがき　i
目的と対象範囲　iii
単位の換算表　x

第1章　航空機の技術と製造 …………………………………………………… 1

1.1　航空機の技術　1

1.1.1　空力技術／1.1.2　機体構造・材料技術／1.1.3　エンジン／1.1.4　航法誘導制御技術

1.2　技術開発の動向　11

1.2.1　燃料消費低減のための技術開発／1.2.2　騒音低減の技術開発／1.2.3　NO_x 低減の技術開発／1.2.4　構造安全性の技術開発／1.2.5　運航安全性の技術開発／1.2.6　高速航空機の技術開発

1.3　日本の航空機産業の現状と政策　22

1.3.1　航空機産業の特徴／1.3.2　世界の航空機産業の変化／1.3.3　日本の航空機産業の方向性

1.4　航空機装備品の技術と事業　30

1.4.1　装備品の系統／1.4.2　装備品の技術とその動向／1.4.3　装備品事業の環境と動向

1.5　開発コスト分析　37

1.5.1　仕様に基づくコスト概算／1.5.2　製造工数の推定／1.5.3　慣熟効果／1.5.4　損益分岐／1.5.5　事業収支の推算例

1.6　航空機製造業のビジネスモデル　47

1.6.1　世界の航空機産業の市場とプレーヤー／1.6.2　航空機製造業のバリュー

チェーン／1.6.3　将来に向けてのビジネスモデルの変化

トピック1　YS-11　58

トピック2　MRJ（三菱リージョナルジェット）　59

トピック3　国際標準化　60

トピック4　ICAOによる航空機騒音規制　61

第2章　航空輸送とその安全　63

2.1　日本の航空輸送の歴史　63

2.1.1　1910-1945年──戦前：国威発揚としての航空／2.1.2　1940-1970年代──航空再開と業界保護育成政策／2.1.3　1980-1990年代──規制緩和・自由化／2.1.4　2000-2010年代──オープンスカイとLCC台頭の新時代

2.2　シカゴ体制と2国間協定　71

2.2.1　シカゴ会議とシカゴ体制／2.2.2　ICAOとIATA／2.2.3　「空の自由」／2.2.4　バミューダ協定（2国間航空協定）

2.3　オープンスカイとグローバル・アライアンス　78

2.3.1　米国国内航空の規制廃止／2.3.2　米国の国際航空政策──オープンスカイ政策／2.3.3　EUの航空自由化──単一航空市場／2.3.4　各地域での航空自由化／2.3.5　アライアンスの背景と進展／2.3.6　グローバル・アライアンス／2.3.7　アライアンスの深化／2.3.8　各地域での動向と新たな動き

2.4　安全の確保　89

2.4.1　航空事故の発生状況／2.4.2　安全確保に関する国際的な取り組み／2.4.3　わが国における航空機運航の安全確保に係わる仕組み

2.5　航空機の整備と信頼性管理　98

2.5.1　整備の概要／2.5.2　整備要目／2.5.3　整備プログラムの開発／2.5.4　信頼性管理

2.6 航空輸送のビジネスモデル　106

2.6.1　航空業界の市場規模と成長性／2.6.2　エアライン業界の変遷と現状／2.6.3　ローコスト・キャリア（LCC）について／2.6.4　日本の航空業界について

トピック5　地域航空の支援制度　123

トピック6　航空事故調査　124

第3章　空港政策の変遷と今後　125

3.1　空港整備の歴史　125

3.1.1　わが国の空港の現状と空港整備の枠組み／3.1.2　空港整備の推移／3.1.3　政策転換：整備から運営へ

3.2　最近の動向　133

3.2.1　アジアの大規模国際空港の台頭／3.2.2　海外の空港民営化の進展／3.2.3　国土交通省成長戦略と空港運営のあり方に関する検討委員会／3.2.4　今後の課題

トピック7　能登空港の搭乗率保証契約　140

第4章　航空交通システム　141

4.1　航空交通管制と航空交通管理　141

4.1.1　航空管制の歴史／4.1.2　航空機の飛行と航空交通業務／4.1.3　管制情報処理システム／4.1.4　航空管制から航空交通管理へ

4.2　通信・航法・監視システム　152

4.2.1　通信システム／4.2.2　航法システム／4.2.3　監視システム

4.3　将来の航空交通システム　165

4.3.1　ICAOの全世界的ATM運用概念／4.3.2　世界の技術開発プロジェクト／4.3.3　全世界的ATM運用概念に基づく運航モデル／4.3.4　新しい運航実現のた

めの技術および課題

トピック8　航空機アンテナ　177

第5章　航空機ファイナンス　179

5.1　航空機ファイナンスの現状　179
5.1.1　販売金融／5.1.2　開発金融

5.2　航空機リース　183
5.2.1　ファイナンス・リース／5.2.2　オペレーティング・リース／5.2.3　アセット・ファイナンスにおける航空機の特徴／5.2.4　ウェット・リース

トピック9　ケープタウン条約　190

第6章　地球環境問題への対応　191

6.1　現状と課題　191
6.1.1　航空部門のCO_2排出量と今後の見通し／6.1.2　温室効果ガス削減に向けた取り組み／6.1.3　UNFCCC，京都議定書における位置づけ

6.2　ICAOにおける取り組み　194
6.2.1　グローバル目標の設定／6.2.2　EUにおける排出量取引制度との関係／6.2.3　今後の見通しと改善に向けて

6.3　環境技術の動向と今後の方向性　199
6.3.1　CO_2削減に対する技術動向／6.3.2　欧州および米国の環境技術開発プロジェクト

トピック10　EU-ETS（EUの排出量取引制度）　207

付録　演習：交渉学の航空工学教育への導入　209

1　交渉学の基礎　209

1.1　Mission（ミッション）／1.2　ZOPA（Zone of Possible Agreement：ゾーパ）／1.3　BATNA（Best Alternative to a Negotiated Agreement：バトナ）

2　ビジネスシミュレーション演習　212

2.1　ケース概要／2.2　模擬交渉のプロセス

3　まとめ　215

あとがき　217
索引　219
執筆者および分担一覧　227

単位の換算表

航空の分野では，現在でも SI 単位系（国際単位系）よりもヤード・ポンド法が使用される場合が多い．ここでは，単位の主な換算表を示す．

長さ	1 ft（フィート） 1 mi（マイル） 1 nm（海里）	0.3048 m 1.609 km 1.852 km
質量	1 lb（ポンド）	0.4536 kg
容積	1 gal（US ガロン）	3.785 L
圧力	1 psi	6895 Pa
速度	1 kt（ノット） 1 mph 1 M（Mach*）	1.852 km/h 1.609 km/h 340 m/s = 1224 km/h
仕事率	1 hp（馬力） 1 PS（仏馬力）	745.7 W 735.5 W
エネルギー	1 cal	4.187 J
重力加速度	32.17 ft/s^2	9.807 m/s^2

注）マッハ数は飛行速度と音速の比．音速は温度の関数であるから，飛行環境によって変化する．

第1章 航空機の技術と製造

　航空機製造業は，将来のわが国の基幹産業の1つとなることが期待されており，経済産業省の「産業構造ビジョン2010」でも，今後の5つの戦略分野の1つである先端分野のなかに挙げられている．本章では，この航空機製造業の基礎となる航空工学の基礎知識や最新技術を整理したうえで，航空機製造業の現状とそれを発展させるための政府の政策について整理する．さらに，機体開発の生産コストの特性や，機体のみならず装備品事業の概要，航空機製造業のビジネスモデルについてもわかりやすく解説する．

1.1　航空機の技術

　本節では，航空機の技術全般を概観する[1),2)]．航空機の技術は大きく，空力技術，構造技術，推進技術，誘導制御技術に大別される．図1.1のように，空力技術は，自重を支える揚力を少ない空気抵抗で発生させ，構造技術は，空気力，重力，推力によって加わる荷重に耐えうる軽量に成立させ，推進技術は，水平巡航時には空気抵抗に対抗できる軽量なエンジンを提供し，誘導制御技術は機体をバランスさせるとともに必要な経路に導くための技術であり，しかもそれらは相互に関係する．ライト兄弟が初の動力飛行に成功したのも，風洞実験に基づく空力設計，トラス構造による軽量で剛性の確保できる構造設計，必要な推力を許容される重量で発生できるエンジンと効率のよいプロペラ，そしてグライダーでの飛行試験によって編み出した操縦メカニズムのそれぞれを独自に高度なレベルでバランスさせることができたためである．ここでは，航空機の技術をこの4つの視点で整理してみたい．

---

　1)　日本航空宇宙学会編：航空宇宙工学便覧［第3版］，丸善，2005．
　2)　飛行機の百科事典編集委員会編：飛行機の百科事典，丸善，2009．

第1章 航空機の技術と製造

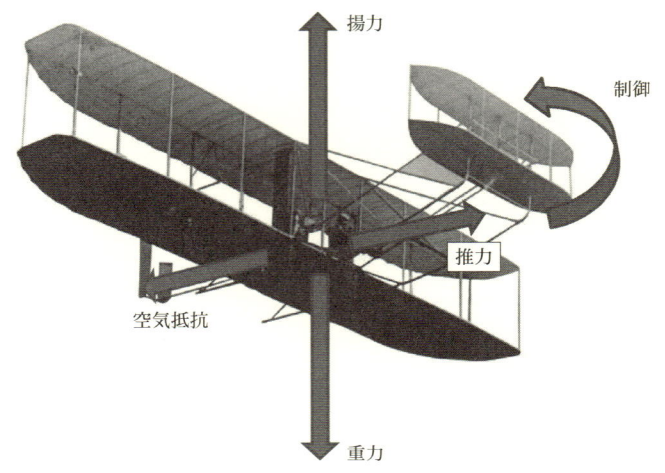

図 1.1 航空機の技術要素

航空機の性能を表す指標の1つに航続距離がある．この値が大きければ，より遠くの目的地まで飛行できることを意味する．ジェット旅客機の航続距離 (Range) R は次に示すブレゲ (Breguet) の式，

$$R = \frac{V}{c_j} \frac{L}{D} \ln \frac{W_{\mathrm{TO}}}{W_{\mathrm{TO}} - W_{\mathrm{f}}} \tag{1.1}$$

で求められる．ここで V は飛行速度，c_j はエンジンの燃料消費率，L/D は機体に働く揚力と抗力の比 (この値は，揚抗比と呼ばれ，機体の空気力学的特性を示す重要な指標である)，W_{TO} は機体の最大離陸重量，W_{f} は燃料重量である．このブレゲの式より，機体が一定の飛行速度で飛行するならば，エンジンの燃料消費率を低減する (これによって機体が積載すべき燃料重量も低減する)，機体の揚抗比を増大する，あるいは機体の最大離陸重量を低減することで航続距離を延ばせることがわかる．すなわち，エンジンの性能を向上させること，機体の空気力学的特性 (揚抗比) を向上させること，そして機体の構造を軽量化することが，航空機の性能向上に重要な役目を果たすことがわかる．以下では，機体の空気力学的特性 (空力特性)，構造力学的特性，エンジン特性そして機体を安全に飛行させるに必要な航法誘導制御技術の各技術的側面から航空機の技術についてまとめていく．

1.1.1 空力技術

先に挙げたブレゲの式によると，巡航時の機体に働く揚力 L が一定の場合，抗力 D が5%減少すると揚抗比は約5%向上し，結果的に航続距離 R も約5%向上する．このように巡航中の機体に働く抗力を低減することは，航空機の性能向上に大きく寄与するとともに，結果的に飛行に必要とされる燃料が低減され，環境適合性に寄与することが大きい．

巡航中の機体に働く抗力（抵抗）は，有害抵抗，誘導抵抗そして造波抵抗に分類される．有害抵抗の大部分は機体に働く摩擦抵抗である．誘導抵抗は，機体が揚力を生み出すことに付随して必ず発生する抵抗である．造波抵抗は，音速に近い遷音速以上の速度領域で飛行するジェット旅客機や超音速旅客機に働く抵抗である．それぞれの抵抗成分を低減する努力は古くからなされてきた．ここでは，有害抵抗の主要因である摩擦抵抗を低減する技術から説明する．摩擦抵抗低減のためには，機体の表面に発達する流れ（境界層と呼ぶ）が生み出す摩擦力をできるだけ減少させる必要がある．境界層には層流境界層と乱流境界層の2種類があり，摩擦抵抗の少ない層流境界層が遷移した後の形態が乱流境界層である．一般に機体表面を層流に保ち続けることは困難であり，航空機の表面はほとんど乱流境界層の状態で飛行していると言っても過言ではない．そこで機体表面から機体内部へ境界層を吸い込み，層流から乱流への遷移を抑制する「境界層制御」技術と，翼の設計方法を工夫して翼面の広い範囲にわたって巡航中の境界層を層流に保つことができる「自然層流翼」設計技術が開発されている．また機体表面が乱流境界層になったとしても，乱流化に伴う摩擦抵抗の増大を極力低減するように機体表面に細かい溝を設ける「リブレット」技術もある．これらの技術の一部は小型機を中心として実用化された技術もあるが，ジェット旅客機への適用は今後の課題である．大幅な抵抗の低減が期待されるため，実用化に向けた研究開発が進められている．

誘導抵抗の低減のためには「ウィングレット」と呼ばれる翼端デバイスの活用が有効である．これは既に実用化されているが，更なる性能改善が試みられている．また誘導抵抗の低減には主翼のアスペクト比（細長比）を高めることも有効である．従来は構造上の制約もあり，極端にアスペクト比の大きな主翼は金属製の翼には適用できなかった．しかし複合材料の採用により，

その制限が緩和され，ボーイング（以下，"B"と略記）787 では高アスペクト比の主翼が使われている．

将来の空力技術としては，構造材料分野の進展と密接な関わりがあるが，モーフィング（Morphing）技術の活用が挙げられる．これは機体形状を任意の形態に変形させることができる構造材料を用いることで，飛行フェーズごとに最適な形状に変形させ，それによって空力特性の大幅な向上をめざすものであり，実現が期待される技術の1つである．またブレンデッドウィングボディ（BWB：Blended Wing Body）と呼ばれる胴体を主翼の中に埋め込んだ無尾翼型の大型旅客機の構想もある．胴体に発生する抵抗が削減されるために大幅な揚抗比の向上が達成できる．これによって経済性の改善が見込め，将来の大型機の機体形状として実用化が期待されている．

1.1.2 機体構造・材料技術
(a) 機体構造・材料技術の変遷

航空機では，薄板を基本にしたセミモノコック構造が多用される．応力外皮（モノコック）構造は，薄い板で形作られた外殻が荷重を受け持ち，内部の空間を客室や荷物室，燃料タンクなどとして有効に使える構造で，通常外殻は補強材などで補強されているため，特にセミモノコック構造と呼ばれる．1903年のライト・フライヤーは木材を主体とした骨組構造であったが，その約10年後には，補強材は見られないが，早くも木製のモノコック構造が登場している．これは異なる木目方向の板を接着した積層構造で，当時としては画期的な外殻構造である．一方，全金属製の機体は1915年には製作されている．1920年代には今日主流のアルミニウム合金製セミモノコック構造が実用化され，1935年のダグラス社のDC-3は現在の機体とほぼ同じ完成度に達している．

材料の面からは，軽量な機体の実現のために比強度（＝材料の強度÷比重量），比剛性（＝材料の剛性÷比重量）が大きいことが重要である．比重量は単位体積当たりの重量で，これで材料の強度を除した値である比強度は，軽くて強い材料ほど大きな値を示し，航空機用材料の評価に適した指標である．比剛性も同様で，大きな変形を避ける必要がある部位で，この値が材料選定の指標として威力を発揮する．このような要求に合致したアルミ合金（ジュ

ラルミン）が 1908 年にドイツで開発され，その後 1933 年にはアルコア社によって超ジュラルミンと呼ばれている 24S（2024 材）が開発された．さらにアルミ合金の板に軽量なハニカムなどのコア材を挟んだサンドイッチ材が 1950 年代に実用化されている．最近の航空機では比強度，比剛性に優れた炭素繊維強化複合材料（後述）が主要な構造材料として注目されており，最新の旅客機でも多用され始めている．

(b) 新しい機体構造技術

　最新の航空機の機体は，その構造様式の点からは基本的に旧来から大きな変化のないセミモノコック構造であるが，細部を見るとその信頼性・安全性技術，製造効率性の向上はめざましい．信頼性・安全性技術の面では，特に 1970 年代から構造の健全性の概念が注目され，損傷許容設計の考え方が導入されている．これはフェールセーフ設計を発展させ，最初に損傷を発見できる能力の限界と，その後の運用中の荷重による損傷の拡大を考慮したもので，解析や試験で健全性を保証する．現在の多くの機体は，原則的にこの設計概念を採用し，適用できない箇所は安全寿命設計などに基づいて健全性を確保している．この分野の最新技術として，機体構造各部の状態を光ファイバーなどのセンサーを配置してモニターし，異状の発生や過荷重の負荷などを検出するヘルスモニタリング技術の実用化が近い．将来はモニターした異状にその場で対処する自己補修技術などと組み合わせて，機体の安全性が一層高まることが期待される．

　機体運航の効率性向上の観点からは，機体の部分的な形状を滑らかに変化させることを目指したモーフィング技術が注目される．これは従来の可変後退翼に見られるようなリンク機構的な不連続変形ではなく，翼の平面形を鳥のように連続的に変えたり，翼型を連続的に変化させるなどによって，速度や飛行姿勢に適した空気力学的性能を効率的に発揮するための技術と捉えることができる．この技術の実用化には，変形時の大きなひずみに耐える材料や，その駆動のための効率的なアクチュエータの開発が不可欠である．

(c) 複合材料構造

　最近の航空機用複合材料の主流は，直径 7 μm 程度の長い炭素繊維をプラスチック樹脂で埋め固めた炭素繊維強化（樹脂）複合材料で，比強度，比剛性の面でアルミ合金やチタン合金より優れている．また，複雑な形状や滑らか

な曲面への適応性，長期間使った場合の疲労の起こりにくさなどの利点もある．従来材料による補強構造では，薄板と補強材をファスナーで組み上げるのに対し，複合材料ではこれらを一体的に作ることができるが，冶具や特殊な成形設備などを要するため，コスト上のメリットは現時点では少ない．一方疲労に関して，複合材料は荷重を受け持つ数多くの繊維から構成されるため，一部の繊維が破断しても，周囲の繊維が有効に働き，巨視的な疲労現象が現れにくい．また複合材料では，設計の自由度が大きいこともメリットになりうる．これは，繊維を必要に応じて適量だけ，所定の方向に配置することが比較的簡単にできることによる．最近では炭素繊維よりも高強度のナノチューブを補強材とした複合材料の開発も試みられている．

複合材料構造の低コスト化では，樹脂含浸成形 (RTM: Resin Transfer Molding) 技術が期待される．これは予め配置した繊維構造に樹脂を後から流し込む方法で，部材の製造工程を一層簡略化できる．また，靭性が高く，成形性の良い新しい樹脂の開発が待たれる．

複合材料の利用は，現状では旧来の構造様式で，単にアルミ合金を置き換える発想で使われている．複合材料の優れた性質を活かして，新しい構造様式と組み合わせた画期的な機体構造の実現が，多くの複合材料構造技術者の理想である．

1.1.3　エンジン

航空機エンジンにはピストン機関，ターボプロップ，ターボシャフト，ターボファン，ターボジェットなどが用いられるが，旅客機の多くはジェットエンジン，なかでもターボファンエンジンで推進される．ジェットエンジンはガスタービンの一種で，吸い込んだ空気を圧縮機で圧縮し，燃焼器で加熱して生じた高温高圧ガスをタービン中で膨張させ，これによって生じる出力を外部へ取り出す熱機関である．有効な出力はタービンの発生動力と圧縮機の消費動力の差となる．これを軸出力として取り出し，発電機などの駆動に用いるが，出力を排気ジェットの運動エネルギーの形で取り出し，推進に利用するのがジェットエンジンである．熱サイクルとしてはブレイトンサイクル（等圧過程と断熱過程で構成される，ガスタービンの基本サイクル）を基本としており，効率はサイクル圧力比に支配される．

燃料には石油由来のケロシンなどを用いている．燃料消費率は単位推力を持続するのに必要な単位時間当たりの燃料の量で定義され，SFC (Specific Fuel Consumption) と呼ばれる．通常 SFC が熱効率の指標として用いられる．

推力は加熱により加速されたジェットの運動量と流入する空気の運動量との差として得られ，その特性は比推力という指標で表示される．比推力はエンジンの単位空気流量当たりの推力で，これが大きいほど同じ推力を得るのにエンジンが小さくてすみ，重量も軽減される．

エンジン出力の一部は排気ジェットの運動エネルギーとして捨てられる．発生パワーに対する推進パワーの比を推進効率と呼び，熱効率と推進効率の積が全効率を与える．推進効率はジェットの排気速度と機速が近いほど高いが，ジェットエンジンの原型であるターボジェットエンジンでは排気ジェット速度が大き過ぎ，推進効率が低いため，現在の旅客機ではターボファンが用いられている．排気ジェットのパワーでファンタービンを回転させ，回転力を前方のファンに伝えて空気を加速することにより推力を得る．排気ジェット速度が遅くなるため推進効率が良く，他方でジェット騒音が低減する効果も得られる．ファンの空気流量とエンジンのコアを流れる空気流量との比をバイパス比と呼び，最新のエンジンは 10 を超える高バイパス比となっている．

ジェットエンジンによる最初の飛行実験は 1939 年にドイツのフォン・オハインにより行われた．続いて 1942 年にイギリスのホイットルも飛行実験を成功させた．フォン・オハインのエンジンは推力約 0.45 トン，ホイットルのエンジンは推力 0.56 トンであった．その後の技術進歩で 2001 年にはアメリカ GE 社の GE90-115B が地上試験で 54.5 トンを達成しており，エンジン推力の増加は約 120 倍となっている．エンジン推力の重量に対する比 (推重比) は初期の約 1.2 から現代では 6〜7 という数値を実現している．

燃費の向上，すなわち SFC の低減はきわめて重要な課題であり，バイパス比の上昇や損失の低減等により，最近のエンジンでは初期に比べて 3 分の 1 程度に低下している．SFC の低下は CO_2 の減少も意味している．

SFC を下げるため，全圧力比は年々増加している．特に 1980 年代から増加率が顕著になる傾向が見られるが，これには数値流体解析の進歩がもたらした翼列の 3 次元空力設計の活用が貢献している．

サイクル最高温度（タービン入口温度）は現在では 1700℃ 程度まで上昇している．温度の限界は，タービン材料の使用温度限界で与えられる．現在のタービンでは材料の限界温度よりも高いタービン入口温度を翼の空気冷却によって実現している．一方最近では熱遮蔽コーティングが進歩してきており，耐熱性の更なる向上が期待できる．より高い温度を実現するため，耐熱複合材料の技術の進歩が待たれている．

航空エンジンの環境適合技術では低騒音・低エミッション（低 CO_2・低 NO_x）技術が中心課題である．

エンジン騒音には主としてファン騒音とジェット騒音がある．年代とともに静音化への要求は強くなっており，規制に先行して低減技術を開発し続ける状況である．ファン騒音は動翼列と静翼列との空力干渉により発生する空力音であり，翼枚数とエンジン回転数の積で決まる翼通過周波数の音が支配的である．ジェット騒音には排気ジェットと周囲空気との混合から発生する乱流音，および超音速ジェットの場合には衝撃波に起因する音が支配的である．ファン騒音は翼列間の干渉を緩和する静音設計，吸音ライニングの採用等により大幅に低減されてきている．ジェット騒音は強さが排気速度の8乗に比例するため，バイパス比の増加でジェット速度が低下することにより低減される．

NO_x の低減には火炎温度を下げるのが有効であり，希薄予混合燃焼などを用いた低 NO_x 燃焼器が開発されている．また，低 CO_2 化を図るには SFC を極限まで下げることが必要であり，直近の将来技術として超高バイパス比エンジン技術が緊急課題である．さらに将来に向けて電動化・燃料電池とのハイブリッド化・エネルギーマネージメント高度化などが重要技術と考えられ，基礎研究が実施されている．また植物起源燃料などのいわゆる代替燃料を用いる技術も注目されている．

1.1.4　航法誘導制御技術
(a) 航法誘導制御の役割

道路や標識の無い大空で，決められた時間に目的の地点まで航空機を飛行させる技術が航法誘導制御技術である．「航法」は自らの位置と速度と姿勢を求める技術であり，「誘導」は，「航法」によって定められた自らの位置と速

度と姿勢をもとに，決められた時間に目的地に到着するための経路を決定するもので，その経路を，決められた速度で，安定した姿勢で飛行するための操縦を実現するのが「制御」である．

(**b**) 航空誘導制御小史

1903 年にライト兄弟が動力飛行に成功した大きな要因は，ピッチ，ロール，ヨーの 3 軸の制御を操作する「制御」メカニズムを考案したことにあり，現在のような昇降舵，補助翼，方向舵および推力の操縦システムの基礎は，1909 年に英仏海峡横断に成功したブレリオ XI の機体あたりで確立された．自動操縦のためのオートパイロットの研究は早くから行われたが，実用化されたのは第二次世界大戦後で，現在では操縦入力を電気信号として使用する FBW (Fly By Wire) とともに，自動化が進み，無人航空機 (UAV：Unmanned Aerial Vehicle) も出現している．

「航法」，「誘導」に関しては，長距離飛行が実用化するにつれ高度な技術の導入が進んだ．地上の目標を頼りにする地文航法，飛行速度と風の情報から飛行コースを割りだす推測航法，さらには洋上飛行の際に天体情報を利用する天測航法のほか，無線の発達により，各種の無線航法が発達した．第二次世界大戦後は，慣性航法とレーダーが実用化されたこともあり，航法誘導の大きな進歩があった．慣性航法は機体に搭載された加速度計やジャイロの信号を積分することによって位置を推定するもので，民間機では B747 に最初に装備された．近年は衛星からの電波をもとに位置を計測する GPS (Global Positioning System：全地球測位システム) も利用可能になっている．レーダーは，同時に便名，高度などを交信する二次レーダーとして航空交通管理の重要な役割を担っている (詳細は 4.2 節を参照)．

(**c**) 最新旅客機の技術構成

最新の旅客機に搭載される航法誘導制御技術は，正確な運航とパイロットへの負荷を軽減するために高度な自動操縦を可能としている．そのシステムの概要を図 1.2 に示す．安定化増大機構 SAS (Stability Augmentation System) が制御システムの最内側にフィードバック制御として備わり，操舵入力に対する応答を調整する CAS (Control Augmentation System) がフォードフォワード制御として追加される．パイロットの入力を自動化するオートパイロット，オートスロットルが用意され，パイロットは高度や速度の指令値をダイヤル

10　第1章　航空機の技術と製造

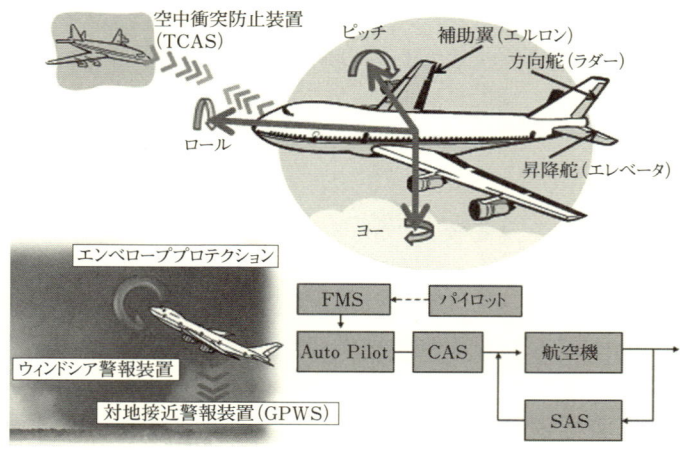

図 1.2　航法誘導制御技術

- GPWS (Ground Proximity Warning System)：電波高度計なども利用して地面への異常接近を検知する対地接近警報装置.
- TCAS (Traffic Avoidance System)：航空機に搭載されている二次レーダーへの応答機能を利用し，航空機の衝突の危険性を検知し，上昇または降下の指示警報をパイロットに出す空中衝突防止装置.
- ウィンドシア警報装置：墜落の危険性の高い風向きの急激な変化を検知し，パイロットに注意警報を出す.
- エンベローププロテクション：航空機の速度や姿勢から，危険な飛行状態に陥らないようにパイロットの操縦を監視し，何らかの制限を加える.

等で与えることで機体を自動的に操縦できる．さらには，高度や速度の指令値も，目的地を設定し，燃料や飛行時間を考慮して自動的に設定できるFMS（Flight Management System）も備えられている．

　こうした自動操縦システムにもかかわらず，気象条件や，機体の故障などマニュアル操縦に依存する場面は多い．そのために，パイロットは常時機体の状態を把握する必要があり，パイロットのエラーを排除するための検討がなされている．ヒューマンエラーは航空機事故の大きな要因であり，図1.2のような防止システムが導入されている．今後は，自動化技術とヒューマンエラーの防止技術の高度化，さらには，自動操縦とマニュアル操縦が相互に協調，監視するシステムの開発が期待される．また，近年急速な進歩のある無人機においては航法誘導技術は特に重要である．

1.2 技術開発の動向

　航空機の研究開発では，燃料消費削減技術が CO_2 削減と経済性の要求から中心ではあるが，航空輸送の拡大とともに安全性向上技術と環境適合技術が今後ますます重要となってくると考えられる．これらの技術群を獲得するため，日本，米国，EU では高い目標のもと基礎研究から適用研究までが戦略的および組織的に実施されている．航空機における技術開発は資金や人的資源を多く必要とするため，ニーズ対応の傾向が強くなっていくが，研究そのものは提案を募集して広く人材や組織を活用することで広範な研究が実施され，その成果を評価することで実用化に向けて選択と集中がなされている．

　高い目標を達成するためには，航空機とエンジンの従来技術に改良を積み重ねるだけでは飛躍的な進歩は期待できず不十分である．大きな流れとして，従来の技術の延長上で要素技術を改善して少しずつ積み上げていくことと並行して，新しい概念で航空機全体をもう一度，経済性，環境性能，安全性をいっそう高めるという視点からあらゆる可能性を追求する姿勢で検討していることが注目される．

　ここでは主に宇宙航空研究開発機構（JAXA）の研究開発を取り上げて[3]，技術開発の動向を概観する．

1.2.1　燃料消費低減のための技術開発

　これは，機体に関する研究とエンジンに関する研究に大別される．機体については，空力抵抗低減を目的として数値シミュレーションを活用した研究が多い．代表的なものとしては，層流境界層を広い面積で維持するために望ましい圧力分布を与えて，それを実現する形状を求める逆問題解法が挙げられる．JAXA が飛行実験を行った超音速機モデルの形状決定に適用されて，その実効性が実証された．また，アスペクト比が大きく自然層流境界層ができるだけ広くなる翼形状や先端翼についての研究も行われている．

　本格的な実用化が直近ではないが，表面にリブレットと呼ばれる微少な溝を設けたり，プラズマを発生させて流れに影響を与え，境界層による抵抗を

---

[3]　宇宙航空研究開発機構編：航空機研究開発の現在から未来へ，丸善プラネット，2011．

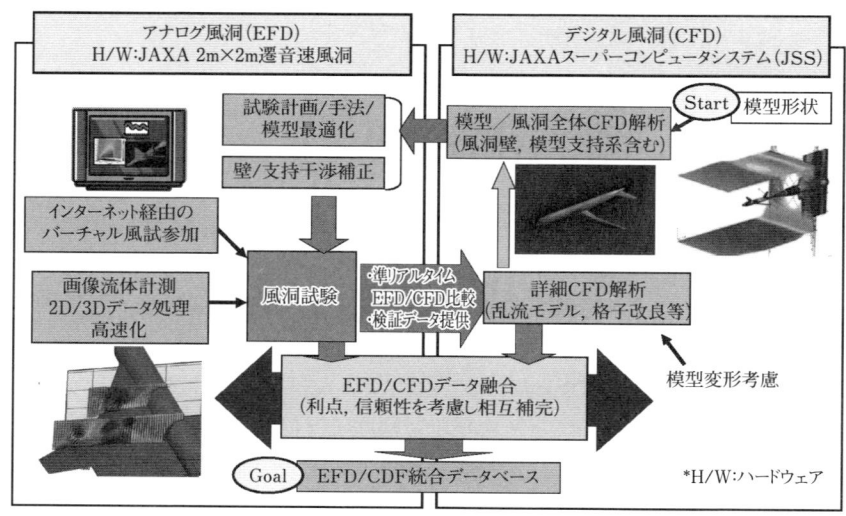

図 1.3　ハイブリッド風洞（JAXA 提供）

低減する研究なども実施されている．

　空力設計を高精度で効率よく，信頼性高く行うために，図 1.3 に示すような風洞試験と CFD（数値流体力学）を緊密に融合させるハイブリッド風洞が研究されている．

　構造面では，まず機体の軽量化である．そのため複合材の適用が多くなってきているが，コスト低減が大きな課題となっており，オートクレーブ（加圧・加熱炉）が不要な VaRTM（Vacuum Assisted RTM：真空圧で樹脂含浸し，オーブンで硬化）製法が検討されているが，強度や製作精度など解決すべき問題がある．JAXA ではプリプレグと VaRTM 製法を図 1.4 のように融合させて複雑形状と単純形状をあわせ持つ大きな複合材部材を低コストで製作するハイブリッド成形法の研究を進めている．

　複合材の実用化における課題として，実機で損傷が発生したときの補修技術や損傷探査技術の研究もなされている．また，複合材は導電性が低いため雷対策が重要な問題であり，これについても研究が行われている．

　エンジンの高性能化は航空機全体の燃費削減に大きな効果があり，推進効率を上げることと熱効率を高めることの 2 つの方法で達成される．バイパス比を上げることは推進効率を上げ，同時に排気ジェットの速度が下がるので

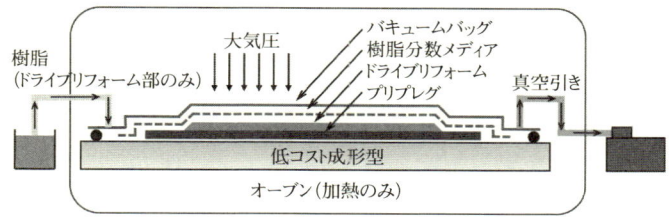

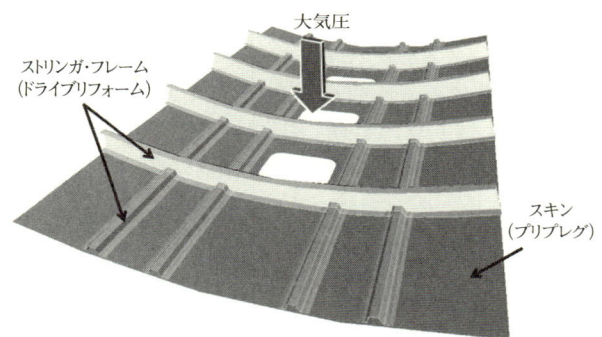

図 1.4　ハイブリッド複合材成形法（JAXA 提供）

ジェット騒音低減にも大きな効果がある．ファンブレードが大きくなり周速が速くなり過ぎるので，タービンとをつなぐ軸に減速ギアを用いて両要素が効率良く作動できる運転条件を可能にしたGTF（Geared Turbo Fan）エンジンが開発された．さらにバイパス比を大きくすることが可能なオープンローターなども研究されている．ダクトがないためにファンからの騒音が大きく，この騒音低減が実用化の課題である．これには，ファンの形状を3次元で設計する技術が重要で，空力損失が少なく騒音発生の低い設計を可能にするため数値シミュレーション技術による研究が精力的に実施されている．オープンローターを採用する場合には，航空機全体の設計において，その騒音の機内外への伝搬を抑えるためのエンジン搭載法なども検討しなければならない．

　もう1つの重要な課題は熱効率を向上することである．コアエンジンの熱効率を上げるためには，基本的には高温高圧化にすることが最も効果的であるが，タービンなどの高温部の冷却に用いる冷却空気が増加しては熱効率は

図 1.5　CMC ブリスクの回転試験（JAXA 提供）

向上しないので，より効率的な冷却構造が製造法も含めて研究されている．冷却空気の温度を下げる熱交換器を組み込んで冷却空気量を削減する新しい試みも検討されている．材料については，耐熱金属材料の高温特性改善に加えて，セラミック複合材（CMC: Ceramic Matrix Composites）による無冷却タービンの試作研究なども将来技術として追求されている（図 1.5）．

　圧縮機やタービンの空力性能については，翼列先端の 2 次流れによる損失を低減するためのアクティブティップクリアランス制御，空力損失を削減するために静翼列を省く反転翼列の研究もなされている．

　サイクルについては，中間冷却器や再生熱交換器を組み込む航空エンジンが研究されている．従来のサイクルでは高性能化のために高温高圧化が必要であり，各要素技術もその影響を受ける．たとえば，低 NO_X 燃焼法では予蒸発予混合法は自己着火や逆火が起こりやすくなるため採用が難しくなる．しかし，このサイクルでは効率上の最適圧力比が高くないので，希薄予混合燃焼方式が使える．また，圧縮機への負担が少なくなるなどの利点がある．

　運航技術についても，安全性を高めながら燃費削減を実現する研究がなされている．航空輸送量が増加すると空港周辺での無駄な待機時間や離陸までの待ち時間が増える傾向があるがそれを短縮することや，精度の高い航法により効率の良い高度，速度，経路の最適化，また気象情報の有効利用による燃料消費の少ない飛行経路の 3 次元的最適化などの研究が進んでいる．たとえば，EU の 2020 年の燃費削減目標の 50% 低減のうち 10% は運航の高度化により達成するとされている．

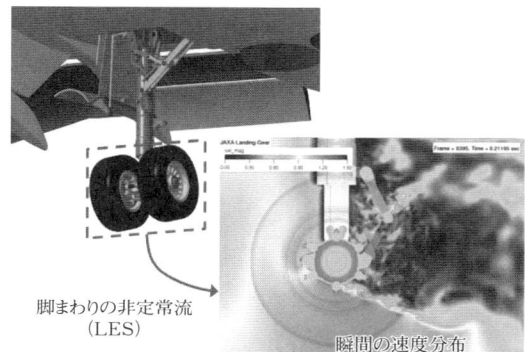

図1.6 脚の空力騒音の数値解析
(JAXA 提供)

1.2.2 騒音低減の技術開発

航空機の主たる騒音源はエンジンであるが，その低減が進む一方で，空港への進入時のようにエンジンの出力を絞っているときには，相対的に脚や高揚力装置からの空力騒音が顕在化してくるため，その対策も必要になってきた．図1.6に示すように脚のまわりの空気の流れ等を解析し，音源が小さくなる流れの実現を追求している．

エンジン騒音のうちで顕著なものはファン騒音とジェット騒音である．まずファン騒音については，ファン動翼と下流のアウトレット・ベーンとの干渉により発生する音が大きいので，ベーンをスイープさせたり周方向に傾けたりして干渉を弱める方法が研究されている．またファンの3次元翼形状により干渉を小さくする設計法が数値シミュレーションを駆使して研究されている．ファン翼枚数とベーン翼枚数の組み合わせでエンジン内部を伝播する干渉音のモードを変え，音響エネルギーの輸送を小さくすることも研究されている．エンジンのインレットの下部を出す形状（Negative-Scarfと呼ばれる）により騒音の伝わる方向を上方に向けるなどの方法も研究されている．音をエンジン内部で減衰させる吸音壁についても二重構造や可変構造による広周波数域で減音特性を持たせる方法や吸音効果や耐久性の高い材料の検討がなされている．

ジェット騒音については排気ノズル周りに突起を設けて混合を促進することで減音する方法や，シェブロンとよばれる鋸歯状にノズル縁をすることで排気ジェットの混合を制御して，騒音の発生を抑える方法が開発されている．

また排気ノズルを可変にすることで作動条件に応じた性能向上とジェット騒音抑制の可能性も研究されている．有望な技術として，小さな多数のジェットをノズル縁から吹き出して混合を穏やかに進めることでジェット騒音を抑える方法も研究されている．

将来の技術として，①ファン干渉音を低減するために，ファン翼後縁から流れを吹き出して後流の速度分布を弱めて干渉を小さくする方法，②静翼に振動板を取り付けて，発生する騒音を打ち消すような音を作りだして全体として放射される騒音を下げるアクティブ・ノイズ・コントロール，も研究されている．

最近の研究の特徴は，スパコンの能力向上により数値シミュレーションで音源の解析が可能になり，放射の指向性，機体の遮蔽効果など音の伝搬を含めて全音場を解くことができるようになってきた．そのため現象の理解にもとづいた騒音低減の研究が進んでいる．

1.2.3　NO_x 低減の技術開発

航空機からの NO_x 排出量は未燃 HC や CO とともに，ICAO により規制されており，決められたサイクルで排出量を計測し評価される．最大出力，アイドルなど空港近くでのエンジン作動を模擬した広い範囲の燃焼条件で低減することが求められる．しかも，規制は次第に強化されてきている．煙はもちろん，最近は PM という微粒子も人の健康に害を与えるので，規制対象として検討されている．したがって，未燃 HC，CO，煙，PM を抑制しつつ高い燃焼効率を達成する低 NO_x 技術が求められている．

航空エンジンからの NO_x は高温場で，空気中の O_2 と N_2 から NO が生成される機構（ゼルドヴィッチ機構）によるサーマル NO_x が主であり，この生成を抑えるための基本的な方法は燃焼温度をできるだけ低くすることである．そのためには当量比近傍での燃焼を避けて，希薄か過濃での燃焼にする．実際の燃焼器では広い作動範囲で燃焼の安定性，高燃焼効率を維持して低温での燃焼を実現することに難しさがあり，特に液体燃料では，燃料微粒化，蒸発，空気との混合など複雑な過程を制御して希薄燃焼を実現しなければならない．図 1.7 に示すような，燃料流量の広い範囲で微粒化を十分に行うために空気流を活用する気流微粒化法，ステージング燃焼と呼ばれる燃焼負荷に

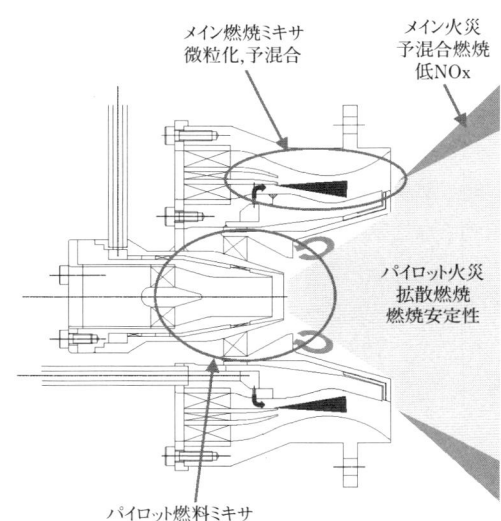

図 1.7　気流微粒化，ステージング燃焼の燃料供給部（JAXA 提供）

応じて段階的に燃料供給を制御する方法などが研究されている．

　エンジン高効率化のため燃焼器入口条件は一般的に高圧で高温となってゆくが，予蒸発予混合での希薄燃焼方式は自着火や逆火などの問題が起こりやすくなり，最近では LDI（Lean Direct Injection）燃焼の研究が行われている．燃焼室に直接燃料を噴霧し，それによって希薄燃焼を実現して燃焼温度を下げる技術である．燃焼器内への空気流れを制御し，燃料の噴霧形成そして混合を同時に制御する必要がある．また，過濃燃焼後に空気との急速混合で希薄燃焼に移行する RQL（Rich burn, Quick-mix, Lean burn）方式も研究開発がなされている．今後のエンジン高性能化に対応するためには，高圧高温条件で使える低 NO_x 技術を確立する必要がある．

　航空用エンジンの燃焼器内の現象は非常に複雑で現在の数値シミュレーションは限定的にしか活用できないため，実機条件に近い燃焼実験を積み重ねることで燃焼器の設計を行っている．そのためレーザー等を利用した燃焼場を直接計測できる光学計測技術の確立も重要である．

1.2.4　構造安全性の技術開発

　航空機構造は，基本的に飛行時に遭遇するあらゆる力に耐える構造になっ

18　第1章　航空機の技術と製造

図 1.8　異物衝突実験（翼前縁への衝突）（JAXA 提供）

ていなければならない．しかも経年により強度の劣化が進むことが考えられるので，運用する期間内の構造安全性を確認しなければならない．この課題に対して飛行時間が異なる実機体の部材から供試体を作り強度試験をして比較，評価，解析する研究が実施されている．

　鳥やタイヤの破片などの異物が航空機の前部，特にコックピットの窓に衝突したり，主翼に衝突したり，エンジンに吸い込まれファンブレードに衝突したりする場合でも，重大な事故に進展しないように構造の安全性を確認する必要がある．特に，新しい材料である複合材では衝突での損傷メカニズムに不明な点があり，実験データも不足している．そのため，航空機の速度で鳥やタイヤの破片あるいはその模擬物などを構造部材に衝突させ，その損傷の詳細を実験やシミュレーションで解析することが必要であり，図 1.8 に示すような試験装置を整備して研究が進められている．

　フラッター（主翼の空力的自励振動）は危険なので発生させてはならない．発生しない範囲を精度良く予測ができれば，構造強度を過剰にせずに軽量化に役立つ．最近の航空機では部分的に衝撃波が発生して複雑な遷音速フラッターとなるので，数値シミュレーションを駆使して予測技術の高度化を図っている．

　運用中の航空機の構造に重大な損傷が発生していないことを監視するため，光ファイバーを用いたヘルスモニタリングが研究されている．構造を常時監

1.2.5 運航安全性の技術開発

航空輸送は今後とも増大すると予測されており，信頼性の高い運航法は航空機の安全のために不可欠である．高密度空港における円滑な離発着，航空機の飛行間隔の短縮，航路設定の柔軟性，気象による悪影響の軽減，環境負荷の軽減などが取り組む課題である．

これらを解決するための中核技術として，高精度の衛星航法技術，地上と航空機の通信技術，航空機に影響を与える気象の観測と予測技術などが研究開発されている．高精度航法は，天候が悪いときでも安全性を損なわないで効率的な運航を可能にするもので，GPSを地上設備や機上の慣性航法システムで補強して，滑走路近くまで計器のみで精密に進入できるようにする．これにより，着陸する空港を他空港へ変更することを少なくすることができる．空港周辺の気象は，乱気流，低層ウインドシアーなど低高度で飛行する航空

図 1.9　DREAMS の各技術（JAXA 提供）

機の安全性にきわめて大きな影響を与えるので，観測された気象情報を共有するための高精度で高解像度の通信方法の規格統一などが課題である．JAXAではこれらの技術群を統合して，図1.9に示すDREAMSプロジェクトが研究開発されている．

大規模な災害時に救援などで集まってくる航空機は高密度で運航されることになるが，統一的な最適運航システムがあれば，衝突などの危険を避けることができるとともにそれぞれのミッションを効率よく実施できる．このためには，通信の情報共有規格や災害情報システムの構築などが必要となる．これには関係機関の協力や調整努力が必要であるが，技術的な課題も多く，研究が期待されている．さらに，今後は災害現場では無人機の活用も考えられるので，有人機と連携したシステムの開発が必要である．

これらの技術を確立するために，ソフトウェアだけでなくハード機器も開発されている．GPSを慣性航法で補強するGAIAと呼ばれる機器をJAXAでは開発して飛行実証機に搭載して性能を評価した．

晴天での乱気流による突然の激しい揺れで損傷する事故を減らすため，気象レーダーでは検知できない晴天での乱気流を，レーザー光を用いて浮遊するエアロゾルからの反射光で検知する装置（ライダー）を研究開発している．遭遇する1〜2分前に検知できれば安全性が確保されるので，課題としてエアロゾルの少ない高高度での検知距離を延ばすことと航空機に搭載するための小型軽量化に取り組んでいる．

1.2.6　高速航空機の技術開発

航空機の長所は高速で移動できることであり，その利便性があるから交通輸送のなかで一定の位置を確保している．高速性を活かす超音速輸送機は環境適合性と経済性を満たせば将来的な需要が十分期待でき，その研究開発が日本と米国で着実に実施されている．第一歩として，ビジネスジェットなどの小型超音速機の実現に向けてソニックブーム[4]の低減などに取り組んでいる．ソニックブームは航空機の重量が大きいほど強く発生するので，低ブーム技術が社会に受け入れられる超音速旅客機の大きさを決めると言える．

---

4)　超音速飛行時に，航空機の周りに発生した衝撃波が地上に到達するとき聞こえる衝撃音．

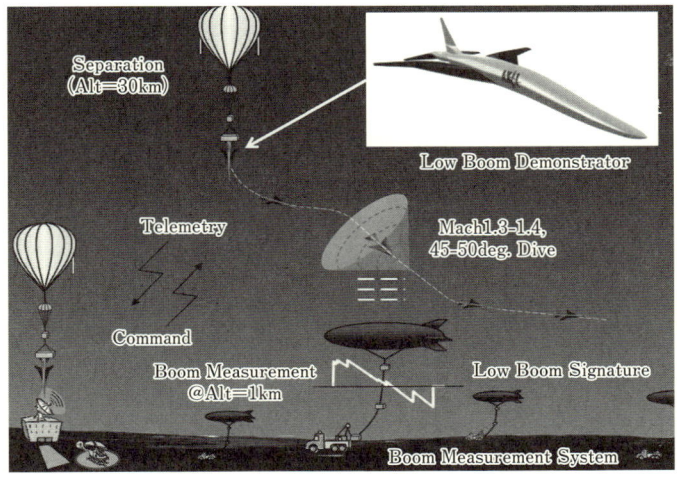

図 1.10　低ブーム機体の実証実験 (D-SEND#2)（JAXA 提供）

　JAXA では図 1.10 に示すように，気球で高高度まで飛行模型を上げ重力落下により超音速まで加速し，発生した衝撃波が大気中を伝搬する様子を空中と地上で計測し，形成されるソニックブームを評価し，低ブーム機体設計法を実証している．並行して，ソニックブームの強さによる人間や建物などへの影響を調べる研究も行われている．陸の上空を飛行するための低ブーム技術を確立することは，超音速旅客機を実用化するための必須条件である．超音速旅客機の実用には環境性能ばかりでなく，燃料消費の少ない経済性も重要で，高速を活かすためには航続距離を延ばす研究も大切であり，JAXA では飛行模型を大気中で超音速までロケットで加速して空力抵抗の低減を図る空力性能実験等を実施してきたが，高速時のみならず低速度で飛行するときの空力性能や安定性の向上なども重要であり，研究が進められている．

　極超音速機についても研究がなされている．欧米でも基礎研究が行われているが，JAXA での研究は巡航マッハ数 5 で太平洋を 2 時間で飛行するもので，全機の概念検討と空力性能の解析と風洞試験，さらに構造解析モデルも構築して進められている．特に，推進システムでは液体水素を燃料とした予冷ターボエンジンが研究されている．これは離陸から極超音速での巡航までを 1 つのエンジンの作動で可能にするという長所がある．小型システムを試

作し地上燃焼試験により基礎的なデータを蓄積して，極超音速飛行の推進システムとしての可能性を検討している．

1.3 日本の航空機産業の現状と政策

航空機産業はどのような産業であるか，まずその特徴を示し，次に世界の航空機産業がどのように変化しているのか，そして最後に日本の航空機産業の進むべき方向性について述べる．

1.3.1 航空機産業の特徴[5),6)]
(a) 高付加価値産業

航空機産業は，最先端の技術が適用される典型的な研究開発集約型の産業であり，かつ，装備品から部品・素材にいたる多種・多様な分野の企業群によるきわめて広い裾野を有する総合産業である．また，極限までの安全性，信頼性が求められるため，数十万点から数百万点に及ぶ部品や素材に対して，複雑で精密な加工と高度な組立およびそれに対応した厳しい品質管理が要求され，航空機は必然的に高価格となる．単位重量当たりの製品価格で自動車と比較すると，旅客機が40倍以上，戦闘機では300倍以上となっている．このように，航空機産業は高付加価値産業であり，質の高い人材および高度な科学技術基盤を持つ日本にとって，最適な産業の1つである．

(b) 技術の波及・高度化

航空機産業は，きわめて先端的な技術が他産業より早く投入されること，安全と効率の追求にとどまるところがないこと，裾野がきわめて広いことなどから，多岐にわたる関連産業分野への技術波及および技術高度化を促進する．たとえば，チタン合金など，金属の加工技術は，自動車，リニアモーターカー，医療器具分野などに技術波及し，炭素繊維複合材料などに関する素材技術は，新幹線の先頭車両の先端部，自動車のボンネット・フード，風力発電のブレードなどに技術波及している．また，アンチスキッドブレーキ，フ

---

5) 経済産業調査会：次世代産業をリードする国産航空機産業の明日，経済産業広報，2008，pp. 16–20.
6) 日本航空宇宙工業会：日本の航空宇宙工業 平成23年版，2011.

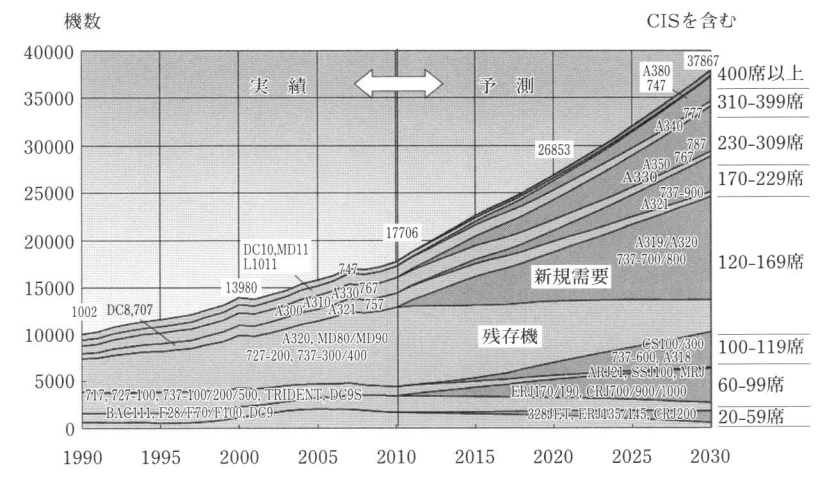

図 1.11 ジェット機の運航機材構成予測（平成 22 年度　民間輸送機に関する調査研究，日本航空機開発協会，2011 年）

ライ・バイ・ワイヤ，レーダーなどのシステム・制御・電気電子技術は，自動車のアンチロックブレーキ，ステア・バイ・ワイヤ，衝突防止レーダーなどに技術波及している．その他にも，CFD による数値流体解析技術は，自動車周りの空気の流れ解析や室内空気の流れ解析などに応用されている．このように，航空機産業は技術の波及・高度化の中核的役割を担っているとともに，旅客機は，世界的に，今後 20 年間で 3 万機，300 兆円の新規需要が見込まれることもあり，製造業全体の更なる発展に寄与する産業の 1 つである（図 1.11 にジェット機の運航機材構成予測を示す）．

(c) 戦略産業としての側面

防衛航空機と民間航空機における技術や生産基盤には共通性があり，安全保障の一翼を担っているので，主要国は航空機産業を戦略産業として積極的に育成している．また，防衛航空機部門は国防予算を投入した最先端技術の実証の場としての側面を有しており，これまでに実証された最先端の防衛技術を民生部門へ活用する「スピンオフ」が行われている．たとえば，F-2 戦闘機の複合材主翼が，B787 の複合材主翼に適用されている．また，F-16 戦闘機のフライ・バイ・ワイヤ操縦システムが，B777 のフライ・バイ・ワイヤ操縦システムに適用されている．

(d) 膨大な初期投資と寡占構造

航空機産業は開発コストが膨大であり，それを超長期間で回収していくビジネスであるという特徴を有しており，国情や景気の変動などの影響を最も受けやすい産業の1つでもあることから，投資・生産上のリスクを最小化するため，国際共同開発が趨勢になっている．

また，より強固な経営基盤を求めてM&Aなどによる産業再編が加速されており，現在，100席以上の旅客機分野では，米国のボーイングと欧州のエアバスによる寡占構造であり，100席未満の地域間輸送用小型ジェット旅客機（リージョナルジェット）分野では，カナダのボンバルディアとブラジルのエンブラエルによる寡占構造である．また，エンジン分野では，米国のゼネラル・エレクトリックおよびプラット・アンド・ホイットニー，ならびに英国のロールス・ロイスの3社で世界の生産高の約7割を占める寡占構造である．

1.3.2 世界の航空機産業の変化[7],[8]

(a) 環境の変化

世界的に環境規制が強化されるなかで，激化する競争に勝ち残るためには，CO_2 や NO_x の排出削減，騒音低減などの先端技術を獲得し，環境適合性を向上させることが重要である．また，エアライン（航空会社）の経営を圧迫している原油価格の高騰への対処のためにも，CO_2 や NO_x などの発生を直接減らす燃料消費の削減が重要となっている．そのため，エアラインは運航面での燃料節減策を採るほか，より経済性の高い低燃費型の航空機へシフトしている．

(b) 市場の変化

100席未満のリージョナルジェット分野はボンバルディアおよびエンブラエルによる寡占構造であったが，現在では，中国，ロシア，さらに日本が新規参入しつつある．日本ではMRJを開発中であり，中国では，リージョナルジェットARJ-21を開発し飛行試験を実施中である．また，ロシアでは，主要

---

7) 経済産業調査会：次世代産業をリードする国産航空機産業の明日，経済産業広報，2008, pp. 32-36.
8) 日本航空宇宙工業会：世界の航空宇宙工業　平成23年版，2011.

航空機メーカーを統合する持ち株会社ユナイテッド・エアクラフト・コーポレーションが設立されて，リージョナルジェット SSJ100 を開発し，2011 年 4 月に初納入されている．

他方，ボーイングとエアバスの寡占構造であった 100 席以上の航空機分野でも，中国は 168 席から 190 席の C919 の開発，ロシアは 150 席から 212 席の MS-21 の開発を進めている．また，ボンバルディアは，110 席から 130 席の C シリーズの開発を進めている．このように中国やロシアなどの新規市場参入により，これまで寡占体制を維持してきた主要メーカーも，開発・生産面でのコスト競争力維持を格段に重視する必要がある市場環境へと変化している．

(c) ビジネスモデルの変化

プライム企業として，コアの技術を押さえながらモジュール単位での外注を行う国際分業のなか，内外を問わず優れた技術や生産基盤を自陣営に取り込む競争が激化している．たとえば，ボーイングでは，全体のシステム統合は自社で行うが，サブシステム開発はシステムとして取りまとめを行う 1st Tier (Tier：航空機産業構造の層；1.6.1 項参照) のサプライヤーに委ねる階層化を進めている．このような動きの背景の 1 つ目として人材不足がある．ベビーブーマーが引退し，1990 年代の不況時に行ったリストラの影響もあり，ボーイングのみでは技術者を賄い切れない状況にある．背景の 2 つ目は，「リーンマニュファクチャリング」の採用である．コスト削減のために，個別部品の開発・生産および在庫管理と開発リスクや必要なファイナンスを含めて，協力会社／サプライヤーに委ねる本方式が趨勢となってきている．背景の 3 つ目は，情報技術の進歩である．CATIA 等の 3 次元設計ソフトを用いて，世界中の分散した場所で同時に航空機の開発ができるシステムとなっている．B787 の機体製造では，スピリット・エアロシステムズが前胴コックピット部および垂直尾翼，日本が主翼ボックス，前胴部位および中央翼等，ボートやアレニアが残りの胴体部分を分担している．なお，スピリット・エアロシステムズはボーイングから分離独立した会社であるが，航空機の技術が最も集約しているためボーイングは絶対に手放さないと考えられていたコックピット部の製造を外注化したことは，ビジネスモデルの変革を象徴している．

エアバスも同様の動きを行っており，サプライヤーの重要性がますます大きくなっている．

(d) サプライヤービジネスの変化

欧米の 1st Tier サプライヤーでは国際的なサプライチェーンを展開し，一定水準以上の技術が不要な部分については新興国のコスト競争力を活用しつつ，自らはモジュール単位での包括的なシステム統合と中核的技術に集中する傾向にある．最大の「市場」と考えられるボーイング 737，エアバス A320 の後継機をはじめとする次世代機の開発では，環境・燃費性能やコスト競争力等の観点から，機体，エンジン，装備品開発のパートナー選別が国際的に進められる見通しである．

(e) 開発機種選定の変化

従来の次期航空機の開発は，機体メーカーが大手航空会社の需要などを考慮して主導的に決定していたが，環境適合性や燃費向上が技術課題の焦点となるのに伴い，決定に際して，革新的な技術を保持するエンジン・メーカーおよびサプライヤーの役割を軽視することができなくなっている．また，機体メーカーは，前述したように開発費の巨額化および技術者等の人材不足により，複数の機種を同時に開発することが困難となりつつあり，どの機種の開発を優先するかについて，競合他社の動きなどを踏まえつつ決定することが必要となってきている．他方，航空会社でも，格安航空会社 (LCC；詳細は 2.6.3 項参照) の成長が著しく，たとえば，大規模 LCC である米国のサウスウェスト航空は，機種を B737 で統一して 500 機以上保有しているので，経営者にとってはこれを更新するタイミングが重要であるとともに，運航機材の取得で大きな役割を担うリース会社の動向も無視できない状況となっている．これらの主要プレーヤーがどのように動くかで，次の航空機開発の機種および時期がダイナミックに決まっていく産業である．

1.3.3　日本の航空機産業の方向性

(a) 日本の現状[9),10)]

(1) 航空機産業の変遷

日本の航空機産業は，1945 年の終戦に至るまでは国の強化育成政策によって発展し，零戦に代表される世界的な傑作機を数多く生み出したが，終戦直

---

9)　日本航空宇宙工業会：日本の航空宇宙工業　平成 23 年版, 2011.
10)　日本航空宇宙工業会：日本の航空宇宙工業　50 年の歩み, 2003.

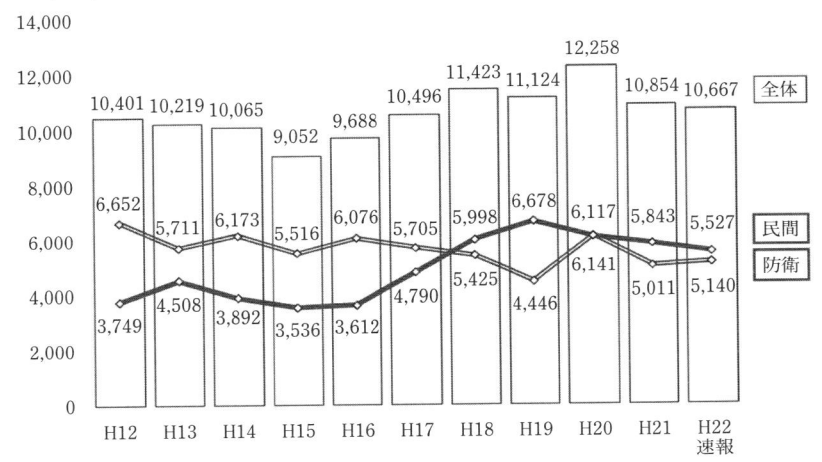

図 1.12 航空機の生産（売上）高の推移（航空宇宙産業データベース，日本航空宇宙工業会，2011 年）

後は GHQ によって航空機に関する一切の活動が禁止され，1952 年までの 7 年間は文字通りの空白期間である．その後は米軍機の修理等で事業のきっかけを得て，たとえば，戦闘機では F-86，F-104，F-4，F-15 と続くライセンス生産を通じて，製造技術はもちろんのこと，生産管理や品質管理などさまざまな管理手法や，さらに規格・標準やマニュアルの体系などを取得することにより生産基盤を育成している．また，初等練習機 T-1，輸送機 C-1，支援戦闘機 F-1，中等練習機 T-4，戦闘機 F-2，固定翼哨戒機 P-1，輸送機 C-2 と続く国産開発の中で技術基盤を育成している．

一方，民間航空機では，1960 年代に戦後初の国産旅客機 YS-11 を開発し，182 機を生産した．販売面で約 360 億円の赤字を計上し事業終了となったが，その後，国際共同開発に軸足を移して，B767，777，787，あるいは，V2500 エンジンのプロジェクトを進めて，大きく発展してきている．

1980 年代まで航空機産業の中心であった防衛需要の売上高は漸減傾向である反面，民間事業が伸びているため，現在では防衛需要と民間需要はほぼ同水準となっている（図 1.12 に航空機産業の生産（売上）高の推移を示す）．航

空機産業の生産高は，現在 1 兆円以上であるが，依然として国内では自動車産業の 25 分の 1 程度の規模であり，世界的には米国の 12 分の 1 程度であり，英国，フランス，ドイツの 3 分の 1 程度の規模である．

(2) 航空機産業の実力

日本の航空機産業は，精度の高さと品質管理，納期遵守，複合材等の素材関連技術などが強みであり，高い品質が必要な部位を日本に発注するパターンが定着しており，米・欧とも，日本との更なる協力を模索している．機体分野では，B787 の開発で，ボーイングが初めて主翼を外注したが，その先が日本である．エンジン分野では，V2500 のような大きな国際共同開発プロジェクトに主要メンバーとして参加している．また，素材関連では，東レ，東邦テナックスおよび三菱レイヨンの 3 社で炭素繊維分野における世界シェアの約 70% を占めており，B787 向けには，東レが炭素繊維を独占的に供給している．特殊鋼については，大同特殊鋼が航空機用エンジンのシャフトで世界シェアの 30% から 40% を占めている．

(b) 日本の課題[11]

単なる「部品供給・モジュール分担」にとどまっている限りは，欧米主要国との差を埋める飛躍的な成長は困難であり，自ら機体開発を行うなどの全体統合を成功させない限り，真にクリティカルな技術・特許および経験の蓄積や，裾野の拡大には結びつかない．今，新興国の追い上げがコスト競争の圧力となっているとともに，強みである複合材分野でも海外の巻き返しに対し，さらなる技術革新で優位性を維持・拡大することが必要となっている．また，素材，機体，エンジン，装備品などの個々の分野では世界と戦える優れた技術を有しているものの，設計・開発から航空安全当局の型式証明，国際的なサプライチェーン管理，販売後のプロダクト・サポートなどまで含めた一貫したソリューションを提供する総合力が課題となっている．

このほか，航空機分野への参入意欲のある中堅・中小企業は多く，複数の企業が連携した一貫生産の共同受注などの動きもあるが，航空機部品の製造においては，高い精度でのものづくり技術のみならず，飛行の安全とトレーサビリティ確保の観点から，厳格な品質管理・品質保証が要求される．その実

---

11) 経済産業省，産業構造ビジョン 2010, 2010.

現のために存在する品質マネジメント規格（JIS Q 9100）や，特殊工程（溶接，化学処理，皮膜処理，熱処理，非破壊検査など）に関する認証制度（Nadcap）は，経験が少なく資本力の弱い中小企業にとっては参入障壁となりうることが課題である．

(c) 今後の方向性[12]

わが国の航空機産業が，今後，単なる「部品・モジュールの分担」から脱皮し，「次世代環境航空機の世界的拠点」となって，2020年には，①航空機産業の売上高2兆円（約2倍）を実現するとともに，②2030年の売上高3兆円（3倍）達成を確実にすることを目指すが，その具体的な施策は次のとおりである．

(1) 国産機で世界に環境航空機ソリューションを提供

MRJプロジェクトを推進するなど，優れた技術力と合わせ，機材提案からファイナンス，運航方法，維持整備までを含む，総合的環境航空機ソリューションを提供する．また，防衛航空機（救難飛行艇US-2や輸送機C-2）の民間転用を推進して，MRJに続く国産航空機を実現する．

(2) 環境航空機向けの部品・素材ソリューションを提供し，高い技術力を持つ世界のトップランナーとして次世代旅客機等の開発を主導

機体，エンジン，装備品および素材メーカー等の連携や，製造現場の課題を学問が解決する実学的な産学官連携により，次世代旅客機等の開発に向けて，トータルのソリューション提供で世界をリードできる体制を構築する．具体的には，複合材等の材料技術の強みを活かしつつ，材料の性能を最大限に活かせる設計技術を獲得し，装備品を含めたモジュール単位での設計・開発を行うとともに，販売後のメンテナンスにおける優れた対応策を確立する．

(3) 航空機分野への他産業や中小企業の参入を促し，製造業の総動員による厚みと競争力のある高付加価値航空機産業を実現

他産業の革新技術（例：燃料電池）を航空機分野に活用して，環境対応等で日本ならではの技術を提供する．そのため，単発の部品，加工下請けではなく，複数の企業が連携して高付加価値の部品，素材を提供できる取り組みを促進するほか，優れた技術を持つ中小企業が大手航空機メーカーに具体的提

---

12) 経済産業省，2010，前掲．

表 1.1 装備品系統別分類

ATA 分類番号	ATA 分類番号
ATA21: AIR CONDITIONING	ATA32: LANDING GEAR
ATA22: AUTO FLIGHT	ATA33: LIGHTS
ATA23: COMMUNICATION	ATA34: NAVIGATION
ATA24: ELECTRICAL POWER	ATA35: OXYGEN
ATA25: EQUIPMENT/FURNISHINGS	ATA36: PNEUMATIC
ATA26: FIRE PROTECTION	ATA38: WATER/WASTE
ATA27: FLIGHT CONTROL	ATA45: CENTRAL MAINTENANCE SYSTEM (CMS)
ATA28: FUEL	ATA47: INERT GAS SYSTEM (IGS)
ATA29: HYDRAULIC POWER	ATA49: AIRBORNE AUXILIARY POWER
ATA30: ICE AND RAIN PROTECTION	ATA52: DOORS
ATA31: INDICATING AND RECORDING SYSTEMS	ATA70: ENGINE

案を行う能力の向上や機会の創出を支援する．また，航空機および材料の各メーカー連携の下，高付加価値の大型鍛造部品の国際的な安定供給を実現する国内拠点を構築する．

1.4 航空機装備品の技術と事業

航空機の姿勢保持，エンジンへの燃料供給，地上との通信，飛行ルートの設定，機内の空調など航空機に必要な機能を実現するのは装備品あるいは装備システムと呼ばれるものである．ここでは，装備品あるいは装備システムの系統，技術動向，事業環境とその動向について述べる．

1.4.1 装備品の系統

航空機では機体構造やエンジン以外に重要なシステムとして，装備品あるいは装備品システムが挙げられ，たとえば ATA (American Transport Association) では表 1.1 に示すように分類されている．

これら装備品または装備品システムは，機体メーカーあるいはエンジン・メーカー自身が設計・製造・供給しているのではなく，システム・インテグレータと呼ばれる世界のキープレーヤーが担当している．昨今，機体メーカーはこれらのシステム・インテグレータを取り込み，システム全体の開発・製造を一括して委託する傾向が顕著になっている．

1.4.2 装備品の技術とその動向
(a) 装備品の技術動向

航空機の装備品には降着,操縦,空調,防除氷,燃料,アビオクスとあらゆる分野があり,それぞれの分野で革新的技術の導入によって安全性・経済性・快適性・環境適合性の向上が図られている.

航空機の環境適合性・経済性向上につながる低燃費化技術の1つに航空機の電動化技術が位置づけられている.これに伴い,油圧駆動の装備品については電気駆動の実用化が進み,また空調系統の空気源ではエンジン抽気に代わって外気を圧縮する電動コンプレッサの採用が図られている.この技術は機体レベルの軽量化に加え,動力源の冗長化,安全性・ロバスト性の向上,性能向上,整備性向上という利点を得ている.

次項では,主な装備品として,降着系統および操縦系統,空調系統に関して,電動化を含めた技術動向および材料動向について述べる.

(b) 主な装備品の最新技術

(1) 降着装置系統

降着装置系統は,主として4つの系統──①緩衝装置,②脚揚降系統,③車輪ディスク・ブレーキ制御系統,④前脚ステアリング制御系統──で油圧技術が用いられる.

緩衝装置はいわゆる油の粘性効果によるダンピングと空気(実際には窒素ガス)バネを用いた緩衝機構である.脚揚降系統は,降着装置を離陸後に脚室に収納し,着陸前に脚室より降ろして着陸に備える役割を担う.車輪ディスク・ブレーキ制御系統は主脚車輪に組み込まれたディスク・ブレーキが使用される.地上にある機体の低速走行時の操行角制御は前脚ステアリング機構で行う.車輪ディスク・ブレーキは脱油圧技術の傾向にあり,電動モーターとボールスクリューを組み合わせた電動ブレーキが主流になるものと思われる.また,脚揚降系統や前脚ステアリング制御系統では将来技術としてEHA(Electro Hydrostatic Actuator:電動ポンプ駆動の油圧アクチュエータ)化が進められている.

また,最新技術として"Towing without Engine Power"というものが挙げられる.これは,欧州を中心に開発が進められている前脚車輪または主脚車輪にモーターを組み込み,APU(補助動力装置)の電源でタキシングするシステ

図 1.13 Electric Green Taxiing System（第 49 回パリ・エアショーより）

ムである．目的は，タキシング中のエンジン運転を停止することによる搭載燃料低減，エンジンの運用間隔延長，FOD（Foreign Object Damage：異物混入）の吸い込み防止，CO_2 削減等種々のメリットを活かすことにある．図 1.13 に示すように主脚に自走用モーターを装着させて APU の電源で自力走行できるシステムが開発されている．"Electric Green Taxiing System" と呼ばれ 2016 年に A320 NEO への搭載（オプション）を念頭に置いて開発が進められている．タキシング時の燃料節約により機体運用重量と CO_2 の両方を削減できるため，環境問題を背景に実現に向け強い力で進歩している．

　航空機の低燃費化技術のもう 1 つの主要技術として，構造材料の高強度化が位置づけられている．降着装置構造部材の主要材料は 300 M（AMS6257）と呼ばれる超高張力鋼（引張強度 1930 Mpa 以上）である．切り欠き感受性や，応力腐食感受性の高い材料であるが故に，正しい設計・製造・プロセス適用とともに，運用時には，定期的な整備が要求されている．そのため，近年の整備コスト低減の観点から，高強度チタン合金の適用が大型民間機では進んでいる．一方で，小型機やリージョナル機では高強度と耐食性を併せ持つ高強度のステンレス鋼の採用が，高強度チタン合金より素材コストが安価であることから進展すると予想されている．

(2) 操縦系統

操縦系統はプライマリ FCS (Flight Control System) とセカンダリ FCS で構成される．プライマリ FCS はエルロン，エレベータ，ラダー，スポイラ，水平尾翼等を駆動して飛行中の機体姿勢を操り，セカンダリ FCS はスラットやフラップを駆動し離着陸時の揚力を調整する．従来の航空機では，機内の油圧源からの高圧油圧によりアクチュエータを作動し舵面を駆動しており，油圧三重系統 (3H) が適用されてきたが，A380 では 2H/2E (油圧二重，電気二重) が導入され，将来的には EHA 化がさらに進むことで 1H/2E (油圧一重，電気二重) のようなシステムが採用され，より軽量化が実現できるものと想定される．また B787 ではスポイラの一部と水平安定翼の駆動に近年では EMA (Electro Mechanical Actuator: 電動モーター駆動のアクチュエータ) を採用しており，重量の低減，信頼性および整備性の向上を図っている．さらに両機とも，アクチュエータの駆動を制御するコントローラをアクチュエータと一体化するスマート化を採用している．

安全性確保の観点から，EMA はボールスクリューの機械的ジャミングを予測および防止できなかったり摩耗やガタを避けられないために，現状ではプライマリ FCS には採用が難しいとされているが，将来的には信頼性の向上により，脱油圧技術として，EHA がより構造が簡単な EMA へ置き換わるものと思われる．また，今後はセカンダリ FCS を含め，電動モーターの能力増大や小型化，コントローラの小型・軽量化により EHA および EMA の適用がさらに進むと考えられる．

(3) 空調系統

航空機の空調系統の役割は，乗員・乗客の快適性を保つために，機内の温度調整とともに，換気，与圧，翼などの防氷のための調温調圧空気を生成することである．これまではエンジン抽気を使って，外気との熱交換や断熱膨張作用により調温調圧された空気を生成することが一般的であった．しかしながら，高温高圧のエンジン抽気を用いることは機器の信頼性低下を引き起こす要因となり，またエンジンの最適設計に制限を加える．環境問題への対応や省エネルギー化の流れのなか，最新の B787 ではエンジン抽気を用いずに，所要の空気圧力を外気から生成する空調系統専用の電動コンプレッサを装備している．また，B787 では空調系統からの供給空気は機内の冷暖房に留

まらず，電子機器やギャレーなどの冷却にも使用されている．今後は，機内の各システムの熱を有効活用して，空調だけでなく熱管理系統との統合化が進むと考えられる．

一方，空調系統の所要動力は外気の圧縮仕事量に大きく依存する．過去の航空機では，エンジン抽気を用いて空調装置で作り出された調温調圧空気は，そのすべてを機内に供給していたが，近年は機内空気の50％を再利用することで，使用するエンジン抽気量を半減している．B787で採用されている外気を圧縮する電動コンプレッサでは，その効率向上とともに，圧縮空気量（空調系統の所要空気量）を削減することが省エネルギーに大きく寄与することになる．このため，今後は機内空気の再利用率を高め，新鮮な外気の使用量を低減できる技術が求められる．機内空気の換気基準であるCO_2を除去しO_2を増量する方法は，外気使用量の低減を可能にする手段の1つであると考えられる．また，快適性の向上に向けて，室内の局所的な温度制御や湿度調整の技術が進むと予想される．

1.4.3　装備品事業の環境と動向
(a) 装備品事業の概要

装備品事業と機体製造事業の一番大きな違いは，修理交換のための補用品市場の有無にある．航空機がエアラインに引き渡されると，エアラインは航空法に基づき航空機の耐空性を維持することが義務付けられる．このため，機体整備を自社あるいは機体整備専門の会社に委託するなどして行っており，機体整備のために機体メーカーに返却される機会は限られる．一方，装備品についても耐空性を維持する義務があり，点検，修理，オーバーホール，部品交換，装備品の交換を行うことが必要になる．この耐空性維持をサポートするため，装備品メーカーは点検，修理作業，オーバーホール作業，交換部品の供給，交換用の装備品の提供を行う．ここに大きなビジネスのチャンスがある．世界中で運用される航空機の場合，その航空機に搭載される装備品の顧客サポートのために，北米地区，欧州地区，アジア地区，中東アジア地区，ならびにアフリカ地区ごとに顧客サポートのためのサービス・ステーションを設置することが機体メーカーとの契約時に装備品メーカーに義務付けられている．アジア地区で有名なのはシンガポールである．シンガポールのチャ

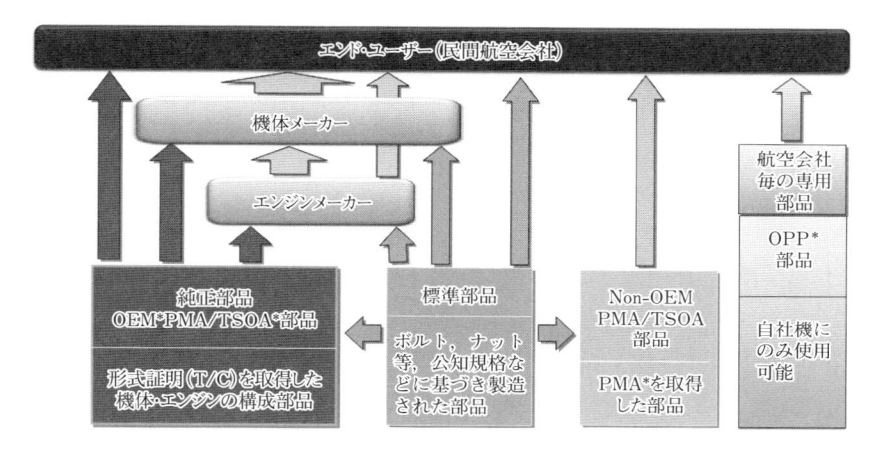

1.4 航空機装備品の技術と事業　35

図 1.14 米国（FAA）の認証制度と供給構造

（注）OEM（Original Equipment Manufacturer）：
　　　発注元企業のブランドで販売される製品を製造するメーカー．
　　TSOA（Technical Standard Order Authorization）：
　　　シート，タイヤ，ブレーキなど，特定の部材又は機器に対するFAAの設計・製造承認
　　PMA（Parts Manufacturer Approval）：交換用装備品・部品に対するFAAの設計・製造承認
　　OPP（Owner or Operator Produced Parts）：航空会社が図面を管理し製作させた部品

ンギ空港周辺の工業団地には，アジア地区でのエンジンを含めた航空機主要装備品の修理・オーバーホール・部品供給・装備品供給のためにいわゆるシステム・インテグレータと呼ばれる数々の装備品メーカーが顧客サポート・センターを設置している．

　民間航空機の新造機向け装備品市場はシステム・インテグレータに独占されているが，修理交換部品市場はルールに適合した製品を開発すれば，だれもが自由に参加できる市場である．米国における修理交換部品市場では，従業員数が数名から数十名程度の中小企業が世界のエアラインを相手に顧客の満足する修理部品なり交換部品を提供している．わが国でもMRJの開発を機に，新しい航空機の製造・供給だけでなく，修理交換部品市場までを開拓する良い機会が与えられるものと思われる．

(b) 装備品事業を取り巻く環境

　欧州のエアバス社では，サプライヤー数の低減，発注部品の大型化，セクション化を購買方針に挙げている．A330，A340開発時1万4000社あった直

接取引のサプライヤー数を，A350 XWB (Extra Wide Body) 以降は30社に絞る予定である．この傾向はボーイング社やエンジン・メーカーのロールス・ロイス社，直近では三菱航空機でも同様である．このようなシステム一括発注／受注の背景として，①技術の高度化，②開発費負担軽減，③エンジン・機体メーカーにおける企業のスリム化，④業界再編が考えられる．

システム・インテグレータには機体インテグレーションを含むシステムのの開発・生産・運用に関して，さまざまな義務，ならびに，その義務に付随したビジネスチャンスをもたらしている．同時に，システム・インテグレータは従来の装備品レベルではなく，下記に挙げるようなシステム（またはサブシステム）レベルでの設計・検証・製造能力（＝システム・インテグレーション能力）が求められる．

- システム設計能力（機体インテグレーション含む）
- 認証取得能力，製造・品証能力，システム適合性試験実証能力
- サプライ・チェーン・マネジメント能力
- プロジェクト管理能力
- 大規模システム開発に耐えうる資金力とリスク管理能力
- グローバルなプロダクト・サポート能力と体制
- Tier 2 サプライヤー[13]をリードするリーダーシップ力

上記要件に応えるには財政面，管理面，認証面など多岐に亘る能力を有することが必要であり，新造機への供給から補用部品・修理部品への供給も含めた全ライフサイクルのとりまとめ能力があること，ワールドワイドで，24時間・週7日対応可能なオペレータとの広範なネットワークを保有することなどが必要となり，まさにグローバル展開にならざるをえない状況である．

(c) 装備品メーカーの動向

装備品システムをとりまとめることができる代表的な企業としてロックウェル・コリンズ（アビオニクス），ハネウェル（アビオニクス，補助動力装置），タレス（アビオニクス），グッドリッチ（操縦システム，降着システム，燃料システム）やハミルトン・サンドストランド（空調・与圧システム，電源系統，補助動力装置）等の大企業が存在する．

---

13) Tier 2 サプライヤーとはシステム・インテグレータと契約する供給メーカーのこと．

ハミルトン・サンドストランドを例にとると，彼らは電源，空調，補助動力装置と各種主要装備品のシステムを取りまとめられるよう過去 M&A（吸収・合併）を繰り返すことで巨大化し力をつけるようになった．20 年ほど前までには機器単位での開発・製造が主体であったのが，いまでは全機システムに踏み込んだ全体最適化の開発能力を武器にしている．表 1.2 にこれらの企業がどのように航空機開発に参画関与しているかを示す．最新鋭機 A380，B787，A350 XWB のほか，リージョナル機であれば ARJ21，SSJ100，CRJ700，CRJ900，CRJ1000，EMB170/190，MRJ70，MRJ90 でも，ほぼ同様のメーカーが開発・製造に参画している．

(d) 民航機市場参入に向けた動き

約 50 年ぶりに開発がスタートした国産旅客機 MRJ の開発でも，日本の装備品メーカーの参画はプライマリ FCS のナブテスコ，座席のデルタ工業，室内照明の小糸製作所ならびに降着装置システムの住友精密の 4 社に留まっている．近い将来 MRJ の後継機が開発されるとき，より多くの日本の装備品企業が参画することが必要であり，そのためには"固有技術"，"イノベーション"による強いポジションの構築や中小企業を中心としたものづくりの強みを活かしたサプライチェーンの構築，認証制度の日本国内における普及などといった戦略的な企業展開が必要になると考えられる．

これらを達成するには，企業努力がベースであるが，日本国で取得した設計・製造認証が世界標準である FAA や EASA の認証と同等であることを世界にアピールするための産官学一体となった環境作りや法整備，ならびに実績の拡充が必須となる．

1.5 開発コスト分析

自転車製造業を営みつつ飛行機の開発に取り組んでいたライト兄弟は，人類初の動力飛行に成功する 9 ヵ月前である 1903 年 3 月 23 日に "FLYING-MACHINE" に関する米国特許を申請して 1906 年 5 月 22 日に第 821,393 号を取得している[14]．多くの先駆者達が鳥のように空を飛びたいとの夢に取り

---

14) Orville Wright and Wilbur Wright: FLYING-MACHINE, United States Patent Office, No. 821393, Patented, 1906.

38　第1章　航空機の技術と製造

表1.2　航空機開発におけるシステム・インテグレータ各社の役割

	A380	B787	CRJ700/900/1000	EMB170/190	SSJ100	ARJ21	MRJ-70/90
タレス	アビオニクス	電源変換システム, 表示装置			アビオニクス		
ハネウェル	アビオニクス	アビオニクス	補助動力装置	アビオニクス	補助動力装置	操縦システム	
ロックウェル・コリンズ	アビオニクス	アビオニクス	アビオニクス			アビオニクス	アビオニクス
パーカー・エアロスペース	燃料システム	油圧システム	油圧システム フラット・スラット・システム	油圧システム 操縦システム 燃料システム	油圧システム	油圧システム 操縦システム 燃料システム	油圧システム
ハミルトン・サンドストランド	空調システム 電源システム	空調システム 電源システム 補助動力装置 窒素発生装置	電源システム	空調システム 補助動力装置 電源システム	電源システム	補助動力装置 電源システム 高揚力システム	空調システム 電源システム 補助動力装置 高揚力システム
リーベア・アエロスペース			空調システム	降着装置	操縦システム 空調システム	降着装置 空調システム	
メシエ・ブガティ・ダウティ	前脚	降着装置 電動ブレーキ			降着装置		
グッドリッチ	主脚・胴体脚	電動ブレーキ エンジン・ナセル 灯火システム	降着装置		ブレーキ・システム	灯火システム	

組みつつも失敗を重ねるなか，夢だけではなく知財権を用いた事業として航空機開発を行った点においてライト兄弟は一線を画しており，「人類初の航空機事業家」としても記憶されるべきである．

それから 100 年を上回る年月を経た今日の民間航空機事業は，数千億円から数兆円規模もの投資を行い 10 年単位で回収・再投資を目指す「ハイリスク」な巨大プロジェクトとなっているため，「ハイリターン」が期待されることを示さなければ事業資金の調達が困難であるのが現実である．そのため，あるセグメントの航空機に対する市場調査や将来動向がどれほど有望であろうとも，直ちにプロジェクトをキックオフすることは控え，まずは仕様を満たす航空機のコスト概算を行いプロジェクトが内包する「リスク」と期待される「リターン」を事前検証しなければならない．

1.5.1 仕様に基づくコスト概算

1946 年にアメリカ陸軍航空軍（US Army Air Forces）が戦略立案および研究を目的として開始した Project RAND を母体とするシンクタンクである RAND 研究所では，軍用機の生産に要するコストを概算する手法を長年研究している．金属製航空機の構造様式がほぼ確立した 1942 年以降の各種軍用機データに対してコブ・ダグラス型関数[15]を想定した回帰分析を行った 1976 年の報告例[16]では，機体殻（Airframe）重量および飛行速度がコストを左右する主要なパラメータであることが見いだされており，25 機の生産を行うために要する総コスト TC_{25}（1000 US\$ at 1973）は機体殻重量 W (lbs) の 0.72 乗，最高速度 S (kn) の 0.80 乗に比例して増加する，などの概算式が提案されている．

$$\left[\begin{array}{l} TC_{25} \approx 1.64 \cdot W^{0.72} \cdot S^{0.80} \\ TC_{50} \approx 2.82 \cdot W^{0.73} \cdot S^{0.76} \\ TC_{100} \approx 4.29 \cdot W^{0.73} \cdot S^{0.74} \\ TC_{200} \approx 7.28 \cdot W^{0.74} \cdot S^{0.69} \end{array}\right. \quad (1.2)$$

---

15) Cobb, C. W. and Douglas, P. H.: A Theory of Production, *The American Economic Review*, Vol. 18, Issue1, Papers and Proceedings of the Fortieth Annual Meeting of the American Economic Association, 1928, pp. 139–165.

16) Joseph P. Large, Harry G. Campbell and David Cates: Parametric Equations for Estimating Aircraft Airframe Costs, RAND Report R-1693-1-PA&E, February, 1976.

構造様式が当時と同様である今日の航空機において，機体殻重量 W_{Known}，最高速度 S_{Known} および総コスト TC_{Known} が既知であるならば，式 (1.2) を変形することで，検討中の新型航空機に要する総コストを概算することが可能である．たとえば，25 機を生産するまでの総コスト TC_{Known} が 3000 億円程度の 90 席級リージョナルジェット機において，機体殻重量 W_{Known} が 2 万 2000 Kgw，最高速度 S_{Known} は飛行マッハ数 $M=0.8$ であることが既知である場合，機体殻重量および飛行速度が 2 倍程度の新型超音速機について

$$TC_{25} \approx TC_{\text{Known}} \cdot \left(\frac{W}{W_{\text{Known}}}\right)^{0.72} \cdot \left(\frac{S}{S_{\text{Known}}}\right)^{0.80} \tag{1.3}$$

となる関係を用いて 8600 億円を要するとの概算を得る．これに対してボーイング社の 737-900 型機やエアバス A321 型機に相当する 180〜220 席級亜音速単通路旅客機では W/W_{Known} が 2.0 程度であるものの $S \approx S_{\text{Known}}$ であり 4900 億円程度で新型機 25 機を生産することができるものと概算される．

今日の航空機では，炭素繊維強化プラスチック（CFRP）等の先進複合材料を用いた大型一体成型部品を採用して軽量化と部品点数の削減を同時に達成する例が増えてきている．しかし，構造様式が今後進歩していく余地が大きくデータも蓄積途上であることからコスト概算には困難が伴う．先駆的な取り組みには各種部品類のコストデータを整理しガイドライン化した例[17]，トヨタ生産方式（Lean Manufacturing）を適用した低コスト生産を行った場合を想定した軍用機コストの概算例[18]等があるものの詳細データは公開されておらず，第三者によるさまざまなケースでの検証は難しいのが現状である．そこで，いわゆる "Black Metal"，すなわち，銀色の金属構造を黒色の CFRP にそのまま置き換えただけであり，CFRP 本来の特性には最適化されていないことを許容するアプローチを行うケースに限定したコストの概算も試みられている．JAXA が行った試算例では，650 kgW の金属製垂直安定板を市場で調達可能な CFRP を用いた一体成型品で置換して 150 kgW の軽量化を行う場合，初号機生産時点で 1800 万円，大量生産に伴い全体のコストが低下している

---

17) Bryan R. Noton: Manufacturing Cost/Desing Guide（MC/DG）for Aerospace Applications, AFWAL-TR-88-4049, 1988.

18) Cynthia R. Cook and John C. Graser: *Military Airframe Acquisition Costs — The effect of lean manufacturing*, RAND Monograph Report MR-1325-AF, 2001.

1000 機量産時における平均では1機当たり2500万円のコスト増になるとの結果を得ている[19]．これは少量生産時においても1機当たり1 kgWの軽量化に12万円，大量生産時には17万円程度を要することを示唆しており，25機程度を生産する先の概算例に対して5トン程度の部品軽量化を行うケースを想定すると，超音速旅客機では1兆円を上回る程度を要するのに対して亜音速単通路旅客機では6400億円程度に収まることが概算される．ただし，超音速機の高温部にまで先進複合材料の適用を拡大する場合には耐熱性の優れた特殊な樹脂を用いる必要があるため，重量当たりの原料価格がおよそ10倍となる．

このように，先進複合材料製構造は軽量化等の多くの利点を有するものの必要資金額を増大させるため，市場での優位性がどの程度増すのか調査を行い金属構造に対するリスク／リターンのトレードオフを判断したうえで航空機の仕様を決定していかなければならない．一般論として，長距離を飛行する国際線旅客機や激しい機動を行う軍用機の場合には，増大係数（Growth Factor）[20]-[24]が大きくなるため先進複合材料を用いた軽量化を行うことが経済的にも合理的となるが，比較的近距離を飛行する中・小型旅客機では増大係数が小さいため舵面構造・尾翼構造・客室床部・圧力隔壁等に適用先を限定することが合理的である．

---

19) 森本哲也：Cobb-Douglas 型慣熟効果モデルを用いた複合材／メタル構造生産コストのトレードオフ推算，日本航空宇宙学会 第48回飛行機シンポジウム講演論文集，CD-ROM，2010．
20) 増大係数：ある航空機の総重量に対して構造や装備等の重量を新たに1単位追加する場合，それを支えつつ性能を維持するための構造補強や燃料の追加，それに伴う主翼の大型化等の重量が雪だるま式に膨らむため総重量はn単位（$n>1$）の増加となってしまう．このnを増大係数と定義し，さまざまな要求をトレードオフ判定して航空機の仕様を決定する際などに活用される．
21) 山名正夫：飛行機の主要諸元を決定する一簡易法，航空学会誌，第1巻第1号，1953，pp. 10–15．
22) 安藤成雄：Growth Factor（増大係数）について（1），航空学会誌，第6巻第48号，1958，pp. 17–23．
23) 安藤成雄：Growth Factor（増大係数）について（2），航空学会誌，第6巻第49号，1958，pp. 48–58．
24) 安藤成雄：Growth Factor（増大係数）について（3），航空学会誌，第6巻第50号，1958，pp. 82–93．

以上のようなコスト概算結果よりも想定市場規模が大きい場合には，プロジェクトが「リターン」をもたらす可能性がある．しかし，投資家は航空機事業のみを検討しているわけではないため，他の事業を実施していた場合に期待された利益，すなわち「機会費用」に該当する各種投資案件や金融商品の利回りなども調査し，航空機事業が相対的に「ハイリターン」であり資金調達の可能性があることを確認したうえで，基本設計を開始する．

1.5.2　製造工数の推定

［1人］が［単位時間］で達成できる作業量は「1工数」(Man-Hour or Engineering Man-Hour) と称され，労働に伴い発生するコストを評価する単位として多用される．これは，人間の特性は時代とともに大きく変化することがないためインフレ・デフレや為替レート等により価値が変動する通貨単位よりも汎用性が高いことによる．より厳密には，1人の作業者について環境・熟練程度・作業スピード等各種条件を固定したうえで達成できる作業量である「標準時間」(Standard Time or Engineering Time) をすべての作業について計測した総計をコスト評価値とするべきであるが，現実には困難であるため，数種類の単純作業で採取された標準時間を準備しておき，図面等から推測される作業種類および量から総計値を推測し，実際に製造作業を行った結果との比を経験的な「作業係数」(Performance Factor) で補正することで第1号機の「製造工数」H_1 を推定する．設計が進捗して図面等がより詳細化するに伴い工数の推定精度は向上していくが，製造実績を有する企業では作業係数および標準時間を図面等から推測する際の精度が高いことから，より初期の設計段階においても正確な工数を推測することが可能であり，原料や資材の調達および新製品価格の提示等で新規参入企業に対して優位に立つことになる．

1.5.3　慣熟効果

人間は経験を得るにつれて熟練度が増すため，より短時間で同じ作業を行うことができるようになる．そのため多くの製造ラインでは，累積生産数の増加に伴い工数が逓減する「慣熟効果」(Learning Effect) が観察される．特に，航空機は複雑な構造を持つため製造工数が膨大であると同時に機械化が困難であるため，人間が担う工数の割合が高く慣熟効果が鋭く発現する．そ

のため，製造コストの推算を高い精度で行うためには，予め過去のケースや試作あるいは量産初期の実績を高い精度で計測しておき工数逓減の予測を正確に行わなければならない．

　航空機の製造に発現する慣熟効果を表現するモデルには種々のものが提案されているが，1936年に報告された米国のカーチス・ライト社におけるライトの知見[25]が広く知られており，累積生産数 N が2倍になるたびに1機ごとにおける累積平均製造工数 H_N が2割逓減する指数関数モデルの形で表現されている．

$$\left[\begin{array}{l} H_{2N}/H_N = 0.8 \\ \text{or} \\ H_N = H_1 \cdot N^{-0.322} \end{array}\right. \tag{1.4}$$

ただし，機械化の進んだ今日の生産ラインでは慣熟効果が小さくなるため1割程度の逓減率が多用される．

$$\left[\begin{array}{l} H_{2N}/H_N = 0.9 \\ \text{or} \\ H_N = H_1 \cdot N^{-0.152} \end{array}\right. \tag{1.5}$$

また，ロッキード社のクロフォードは各部品の要素において発現した慣熟効果の総合として1機当たりの累積工数が指数則の形で逓減する「個別工数モデル」を導いている[26]．

　これらのモデルを踏まえると，第1号機と第2号機における工数を計測して逓減率を見積もれば量産に伴う工数逓減を簡便に予測することができるはずであるが，実際には熟練工が既存の生産ラインを用いて新型機の製造を行う場合等があり偏差を生ずる．このため，すでに数機分の生産を行った経験に相当する補正を与える"Bファクター"を N に加えた修正式を用い，第3号機までに計測された工数を用いたパラメータ設定を行う．なお，経験の少

---

25) Wright, T. P.: Factors Affecting the Cost of Airplanes, *Journal of the Aeronautical Sciences*, Vol. 3, February, 1936, pp. 122–127.

26) Crawford, J. R.: *Learning Curve, Ship Curve, Ratios, Related Data*, Lockheed Aircraft Corporation, Burbank, California, 1944.（cited in Teplitz, C. J.: *The Learning Curve Deskbook*, Quorum Books, 1991.）

ない工具が大量に採用される新規参入時等では B の値は 0 に近づくが，安定した雇用条件にある熟練工の場合には 3 から 5 程度になるようである．

$$H_{N,\text{measured}} = H_{1,\text{estimation}} \cdot (N+B)^{-0.52} \quad (1.6)$$

これらのモデルの有効性に対しては第二次世界大戦時の軍用機や船舶の生産に伴う膨大なデータや冷戦時における軍用ジェット機におけるデータ等を踏まえた検証が行われており[27)-29)]，NASA のガイドライン[30)]等にまとめられている．しかし，ジェット旅客機の生産に発現する慣熟効果については，ボーイングの 707 型機における報告[31)]およびロッキードの L-1011 'トライスター' 型機における報告[32)-34)]があるものの，開示されているデータがきわめて限定的であるため，新規参入を検討する場合にはライセンス生産や試作機を製作するなどの手段により，慣熟効果についても，あらかじめデータの蓄積を行っておく必要がある．

1.5.4　損益分岐

　航空機に限らず「商品」の価格は市場における需要と供給のバランスで決定されるものであり，供給サイドにおける新規参入は供給増加をもたらすため価格を下落させる方向にバランスを変化させる．したがって，初期投資や製造コストがどれほど莫大な金額になろうとも，新製品価格は事前調査で確

---

27) Alchian, A.: An Airframe Production Function, Project RAND P-108, 1949.
28) Alchian, A.: Reliability of Progress Curves in Airframe Production, Project RAND RM-260-1, 1950.
29) Asher, H.: Cost-Quantity Relationships in the Airframe Industry, Project RAND R-291, 1956.
30) Delionback, L. M.: Guidelines for Application of Learning — Cost Improvement Curves, NASA Technical Memorandum, NASA TM X-64968, 1975.
31) Garg, A. and Milliman, P.: The Aircraft Progress Curve — Modified for Design Changes, *The Journal of Industrial Engineering*, January–February, 1961, pp. 23–28.
32) "TriStar Production Costs Offset Lockheed Profits", Aviation Week & Space Technology, 1979, p. 32.
33) Benkard, C. L.: Learning and Forgetting — The Dynamics of Aircraft Production, *The American Economic Review*, 2000, pp. 1034–1054.
34) Benkard, C. L.: A Dynamic Analysis of the Market for Wide-Bodied Commercial Aircraft, *Review of Economic Studies*, No. 71, 2004, pp. 581–611.

認された市場価格よりも低めに設定せざるをえない．加えて，商品のライフサイクルが長い航空機の場合，実績の乏しい企業体が新規参入する際には新商品に対する長期サポートへの不安，中古機市場における相場の不在，市場からの撤退リスクなどが割り引かれるため，価格を競合他社よりも大幅に低めとする必要がある．

そのような航空機製造業における損益の概要を図 1.15 に示す．図中の「A：販売価格」に示すように，新規参入企業は低めの価格で市場参入して評価が高まるにつれて徐々に値上げを進めるのが通常である．これに対して「B：製造コスト」は初号機が最大であり，累積製造機数が増加するにつれて逓減していくことから，事業初期には製造・販売すればするほど「C：収支」が悪化し累積赤字が増大していくが，やがて「最大累積赤字」近傍で販売価格と製造コストが拮抗して「A＝B」となり単機当たりでは黒字化を果たすことになる．これ以降のセールスに成功した場合には累積赤字が縮小して「C：収支」がゼロとなる累積販売機数すなわち「損益分岐点」を迎えることが期待される．その後は販売すればするほど「C：収支」がプラスとなり黒字が積み上げられていくことになるが，モデル末期となると商品の競争力も衰えてくるため販売価格をぎりぎりまで引き下げる，あるいはエンジン換装モデル

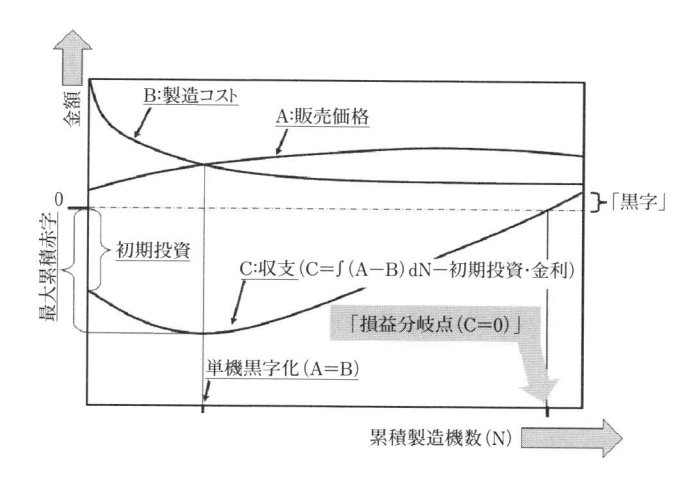

図 1.15 航空機製造業の損益分岐（2010 年の世界の主要航空宇宙関連企業の売上データから推測）

や新規開発モデルの割引オプションを付与する，などによる現行モデルの延命および競合他社の参入排除を試みる場合が多い．

1.5.5 事業収支の推算例

先にコスト概算を行った180〜220席級亜音速単通路旅客機を事業化する場合を採り上げて，仮想的な収支推算を行った場合を例示する．

市場動向：2020年代，格安航空会社（LCC）各社は150〜180人乗り単通路機による近距離高頻度運航が可能な路線をほぼ開拓し尽くして過当競争状態に陥り，採算搭乗率が85%を上回った結果，運航赤字が拡大する例が目立ち始めている．さらに，原油価格が上昇基調にあることから，既存単通路機の燃料消費率では経営が成立しない路線が今後増えてくるものと見込まれている．そこで，先進複合材料で軽量化を進めて燃料消費を大幅に削減すると同時に180〜220人乗りに拡大した新型単通路機を運航して採算搭乗率を75%程度，1機当たりの運航黒字を現行比40%増以上とするのに加えて，中距離路線を開拓してLCC市場を拡大することが構想されている．この新市場では20年間で4000機以上の需要が見込まれている．

販売価格の設定：LCCやリース会社を調査した結果，機材価格が120億円を下回るならば新規参入が可能であることが判明した．そこで，リストプライスは150億円とするものの他社を参入排除するために実勢販売価格100億円と低めに仮定した新型航空機の開発事業を検討する．ただし，1〜5号機は60億円，6〜10号機は70億円，11〜20号機は80億円の大幅値引きにてキックオフカスタマーを確保する．

製造コスト：初号機から25号機までを製造するために6400億円，1号機の製造コストは220億円程度と概算される．また，作業人員は新規採用のためBファクター（1.5.3項参照）は0と仮定し，生産に伴う逓減率を−0.152と見込む．

収支の推算：初期投資2500億円にて事業を開始する．25機を販売した時点で1950億円の累積売上を得ているものの4450億円の累積赤字となり，累積製造コストは6400億円となる．事業を継続して180機ほどを販売した時点で最大累積赤字6160億円程度となるが単機黒字化を果たし，700機ほどを販売した時点で収支0円となり損益分岐点を通過する．その後，累積1000機販

売時点で6270億円程度の黒字を累積する．

以上を10年以内で達成できるならば年利7%ほどに相当するため，多くの金融商品や投資案件よりも「ハイリターン」な事業であるとみなすことができる．

このような推算を行うことにより，多数のプロジェクト候補の中から赤字に終わる可能性が高いものを排除して黒字化する可能性が高いもののみを抽出することができる．これは，美しい夢や素晴らしい技術の大半が経済的な理由により実現されずに終わることをも意味している．しかし，事業として民間航空機に取り組む者は，ライト兄弟と他の先駆者達とを分けたものを今一度思い起こし，冷徹に収益を追求した者だけが勝者となり，夢や技術に惑溺した者は莫大な負債に苦しむ敗者となる現実を肝に銘じなければならない．

1.6 航空機製造業のビジネスモデル

航空機産業は，巨大な投資リスクを伴う一方，他産業への技術波及効果が高いため，諸外国では国家的な戦略産業として位置づけられており，近年は特にアジア諸国の台頭が著しい．本章ではこれまで，主にわが国における航空機産業の現状やそれを支える技術および政策について解説してきたが，以下では，今後のわが国の航空機産業発展のヒントとなるものとして，航空機製造業のバリューチェーンやビジネスモデルについて述べる．その際，世界全体の産業構造や市場構造の現状や変遷についても紹介する．

1.6.1 世界の航空機産業の市場とプレーヤー

(a) 航空産業の構造

航空産業は航空機の製造に関わる航空機製造業（表1.3）と航空機の運航に関わる航空機運送業の2つから構成される．ビジネスの視点からは両者は密接に関連しており，航空機製造業と航空機運送業の2つが両輪となり，はじめて航空産業が成立する．したがって，航空機製造業のビジネスモデルを考える場合も，「ものづくり」を担う製造業だけでなく，顧客であるエアライン等，航空機運送業との接点を常に考えることが重要となる．

一般に航空機製造業は2つのピラミッドから構成される．1つは航空機（機

48　第1章　航空機の技術と製造

表1.3　主な航空機製造メーカーの分類と概要，企業例

航空機（機体）メーカー	最終製品である航空機をインテグレートし，販売・サポートする企業．たとえば旅客機ではボーイング，エアバス，ボンバルディア，エンブラエル，三菱航空機等．戦闘機ではロッキード・マーチン，ボーイング，ダッソー，ユーロコプター，サーブ，スホーイ，ミグ等
構造部位メーカー	主翼，胴体，尾翼，制御舵等の主要部位・部材を製造して航空機メーカーに納入する企業．旅客機では日本の重工メーカー，スピリッツ・アエロシステムズ等
エンジン・メーカー	航空機向けのエンジンを製造・販売・サポートする企業．ゼネラルエレクトリック（GE），プラット・アンド・ホイットニー（P&W），ロールス・ロイス，サフラン，IAE等
装備システム・メーカー	航空機の主要なシステム（アビオニクスを含め）を製造し，販売・サポートする企業．ロックウェル・コリンズ，ハミルトン・サンドストランド，グッドリッチ，タレス等
機器・部品メーカー	航空機製造に必要となる機器や部品を製造販売する企業．システム・メーカーに近い．住友精密工業，ナブテスコ，Heico，Ladish等
素材メーカー	航空機向けの素材（アルミニウム，チタン，複合材料等）を製造，販売する企業．アルコア，VSMPO-AVISMA，東レ，三菱化学（三菱レイヨン）等
アフターサービス	MRO（メンテナンス，リペア，オーバーホール）やプロダクト・サポート等を行う企業．独立系ではシンガポール・テクノロジー・アエロスペース，AAR等

体）メーカーを頂点に，1st Tier，2nd Tier，3rd Tier等，複数の層（Tier）から構成されるピラミッドで，旅客機の場合，ボーイング，エアバス，ボンバルディア，エンブラエル，三菱航空機，スホーイ等が頂点に位置する．

　1st Tierは主要な構造部位を製造するメーカーや主な装備システム・メーカーからなる．構造部位とは主翼，胴体，尾翼等のことで，構造部位の専業メーカーもあるが，航空機を製造しているメーカーが他の航空機メーカーの機体の構造部位を担当することも多い（たとえば，日本の重工メーカーはボーイングの機体の構造部位を担当）．一方，装備システム・メーカーは高いシステム・インテグレーション能力を有し，コクピットのフライトデッキ・システム，飛行制御システム，脚システム，油圧システム，空調システム，電源システム，キャビン・システム（客室の座席やギャレー，トイレ等），安全システムなどを担当している．

　2nd Tierは航空機メーカーや1st Tierに機器や部品等を供給する企業で，その下に3rd Tier，4th Tierといくつかの層がある．製品の製造だけではなく，

加工や特殊工程（熱処理や表面処理等）などを担当している．この他，材料を提供する素材メーカーがある．

もう1つのピラミッドは，重要な装備システムであるエンジンである．頂点にあるのは，ゼネラル・エレクトリック（GE），プラット・アンド・ホイットニー（P&W），ロールス・ロイス，サフラン，日本も参画しているIAE（International Aero Engine）などである．

航空機製造業では顧客である航空会社やリース会社との接点となるアフターサービス事業が非常に重要となる．アフターサービスとは航空機を販売した後，航空機の運航をサポートする事業である．具体的にはMRO（メンテナンス，リペア，オーバーホール）や補用品を供給するプロダクト・サポートなどがある．アフターサービス事業には航空機やエンジン，装備システムのメーカーだけでなく，エアライン（航空会社）系企業やサードパーティが参画している．この他，航空機の製造やメンテナンス等に必要となる工作機械やテスト・検査機器を製造しているメーカー，ソフトウェア会社，設計の支援を行う企業等がある．

(b) 市場と市場構造

2010年の世界の航空機製造業の市場規模（生産額）は約40〜50兆円である[35]．航空機製造業に加え，関連する防衛システムや情報システムをどこまで含めるかによってその規模は変わってくる．市場規模は2005年に比べると約1.2倍[36]となっており，航空機製造業はグローバルに見た場合，成長産業であることがわかる．

表1.4に2010年における航空機製造業生産額の主な内訳を示す．民間航空機（旅客機や貨物機）が約7兆円，エンジン，装備システムがそれぞれ約4.75兆円，約7.1兆円となっている．アフターサービスであるMRO市場が約3.2兆円と全体の約7.8％を占めている．一方，主要航空機製造メーカーの生産額の9割以上を米国と欧州が占めている[37]．

---

[35] 2010年の世界の主要航空宇宙関連企業の航空機関連事業の売上の合計は約41兆円（1ドル，87.78円換算），2010年6月に公表された産業構造審議会・産業競争部会の「産業構造ビジョン2010」では50兆円と記されている．

[36] 2005年の世界の主要航空宇宙関連企業の航空機関連事業の売上の合計は約34兆円（1ドル，110.22円換算）．

[37] 主要航空宇宙メーカーの2010年の売上額を基としたデータ．

表 1.4 2010 年の世界の航空機製造業の生産額内訳
(2010 年の世界の主要航空宇宙関連企業の売上データから作成)

航空機産業の市場セグメント		市場規模 (主要企業の売上高)	構成 (%)
航空機	民間機(旅客機, GA 機等)	約 7 兆 220 億円	17.2
	軍用機(戦闘機, 輸送機等)	約 4 兆円	9.8
	ゼネラル・アビエーション	約 1 兆 5,000 億円	3.7
	ヘリコプター(民間, 軍用)	約 1 兆 3,000 億円	3.2
装備品	エンジン	約 4 兆 7,500 億円	11.6
	構造部位・部材	約 1 兆 6,000 億円	4.1
	装備システム	約 7 兆 1,300 億円	17.5
	材料	約 7,700 億円	1.9
アフターサービス(MRO 事業等)		約 3 兆 2,000 億円	7.8
防衛システム・装備等		約 9 兆 5,000 億円	23.2

(c) 主なプレーヤー(航空機機体メーカー)

世界の航空機製造業は戦後,合従連衡を繰り返し集約が進んでいる.航空機メーカーが最も多いのはアメリカで,ボーイング(旅客機と軍用機),ロッキード・マーティン(戦闘機等の軍用機)が代表的なメーカーである.また,ビジネスジェットのホーカー・ビーチクラフト,ガルフストリーム,セスナ,ヘリコプターのベル,シコルスキー,軽飛行機を中心としたニューパイパーやシーラス等がある.また,無人機ではノースロップ・グラマン,ゼネラルアトミック等が知られているが,現状,他にも多くの企業がこの無人機市場に参画している.

欧州では 2001 年に主な航空機関連メーカーが EADS (European Aeronautic Defence and Space Company)に集約された.エアバス,ユーロコプター,スペインの CASA,フランスのソカタ等は,現在,EADS 傘下となっている.この他,英国の BAE システムズ,フランスのダッソー・アビエーション,イタリアのフィンメカニカ,スウェーデンのサーブ,国際共同のユーロファイターなどがある.かつて複数の設計局があった旧ソ連でも業界統合が進み,現在,ロシアの航空機製造業はユナイテッド・エアクラフトとオブロンプロムの 2 つに集約されている.イリューシン,ツポレフ,イルクーツ,スホーイ,ミグ,ヤコブレフ,ベリエフ等はユナイテッド・エアクラフトの傘下となっている.中国は AVIC (China Aviation Industry Corporation)が航空機製造業の

中核で，傘下に複数の航空機関連企業がある．民間旅客機は AVIC や上海市等が出資して設立された COMAC (Commercial Aircraft Corporation of China Ltd.) が担当している．韓国は 1999 年に KAI (Korean Aerospace Industries) に航空宇宙関連企業が集約されるとともに，エアラインでもある大韓航空が製造事業を行っている．インドは国営のヒンドスタン・アエロスペース (HAL: Hindustan Aeronautics Ltd.) が中核企業となっている．

このように世界の航空機メーカーは，旅客機，軍用機ともに集約が進んでいる．また，メーカーのほとんどは航空宇宙の専業メーカーである．一方，日本は三菱重工業，川崎重工業，富士重工業，新明和工業と複数の航空機メーカーがあり，かつ，エネルギー，環境や輸送システムなど他の事業分野を手掛けているという特徴がある．

1.6.2　航空機製造業のバリューチェーン

航空機製造業は，膨大な開発コストやリスクが伴う一方で，投資回収期間が非常に長く，ビジネスの視点からはきわめて難しい産業である．それだけに強い航空機製造業を有することは，グローバル市場においてその国が強い産業力，技術力を保有していることを意味する．一方，高コスト，高リスクで投資回収期間が長い航空機製造業では，しっかりと収益が確保できるビジネスモデルを構築することが重要となる．ここではバリューチェーンを軸に，ビジネスモデルについて述べる．なお，バリューチェーンとは事業全体を見たとき，事業のどこでどれだけの付加価値が生み出されているかを示したものである．

(a) バリューチェーンとビジネスモデル (図 1.16)

一般に製造業 (ものづくり) のバリューチェーンは，製品コンセプトの構築，基本設計，詳細設計，開発・試作，量産，SCM (Supply Chain Management)，販売，ファイナンス，アフターサービスといった流れから構成される．航空機の場合は，ここに認証・認定の取得という重要なプロセスが入ってくる．

航空機に限らず，製造業ではいかに良い性能の製品を安く，納期を厳守して作るかが重視される (これは QCD: Quality, Cost, Delivery と呼ばれる)．しかし，付加価値は「ものづくり」を行う量産の領域よりも，新しい製品コン

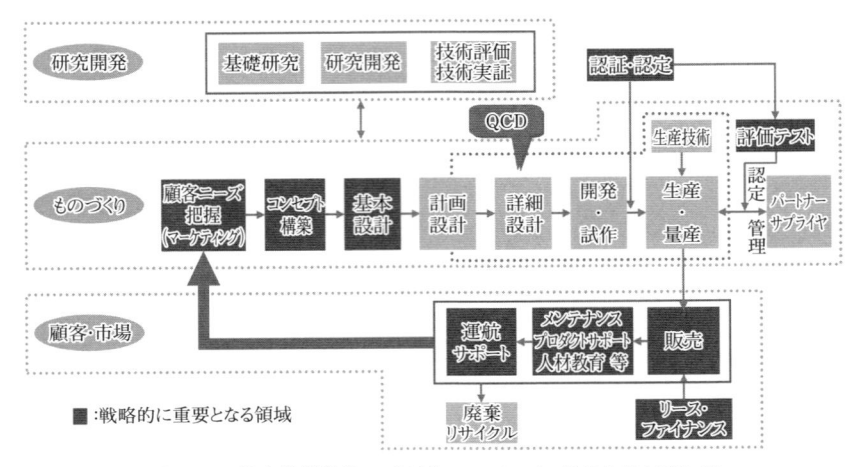

図1.16 航空機製造業のビジネスモデル（三菱総合研究所作成）

セプトの決定や基本設計を行う領域，販売・アフターサービス等，顧客と直接つながった領域のほうが高くなる傾向にある．すなわち，製造業（ものづくり）のバリューチェーンで，「ものづくり」の前後をいかに押さえるかが重要となってくる．仮にQCDだけを強みとした場合，ビジネスモデルは製品を作って「売り切る」モデルとなる[38]．しかし，高い付加価値を獲得するためには，「売り切る」モデルではなく，売ったあとのアフターサービスで収益をあげ，かつ，アフターサービスなどを通して，顧客のニーズ（潜在・顕在の双方）を把握し，それに応える次の新しい製品を自ら生み出すことができるビジネスモデルを構築する必要がある．前者が「売り切り」のフロー・ビジネスであるのに対して，後者はストック・ビジネスを基本とする．

すなわち，強い「ものづくり」のビジネスモデルでは，優れたQCDに加え，次に「何を作るか」を自らが決定できる高い能力が必要となる．そして，「何を作るか」を決定するためには，顧客のニーズや悩みを把握するための顧客との接点（アフターサービス等の領域）が不可欠となる．さらに，航空機製造で重要となる認証・認定では，「出来たものがそれで良いか」を評価できる能力が求められるが，この能力は「何を作るか」を決定する力がなければ獲

---

38) 前記，「産業構造ビジョン2010」でも単品売り切りビジネスからの脱却が指摘されている．

得することが難しい．

　今後，航空機製造業で世界をリードしていくためには，「何を作るか（コンセプトと基本設計）」，「出来たものがそれで良いか（認証・認定）」を決定できるストック・ビジネスのモデルが重要となる．たとえば，航空機製造業の営業利益率を航空機（機体）メーカー，構造部位メーカー，エンジン・メーカー，装備システム・メーカー，素材メーカー，アフターサービスで見た場合，2000〜2010年で営業利益率が高いのはストック・ビジネスのモデルを構築しているエンジン，装備システム，アフターサービス関連の事業である．これに航空機（機体）メーカーが続き，「売り切り」モデルに近い素材メーカー，構造部位メーカーの利益率は相対的に低い．

(b) 主要事業別のビジネスモデル

　航空機製造業のバリューチェーンに基づくビジネスモデルについて述べる．

(1) 航空機（機体）メーカー

　航空機（機体）メーカーは，最終的なインテグレーションと顧客にとって付加価値が高い領域（たとえば，コクピット）を掌握している．バリューチェーンでは，航空機のコンセプト構築，基本設計，認証取得，RSP（リスクシェアリングパートナー）やサプライヤーのマネジメント，そして，顧客である航空会社やリース会社との接点（販売・アフターサービス）を押さえている．先のビジネスモデルで，航空機製造の前後を掌握し，顧客と直接つながったモデルを構築している．

(2) 構造部位メーカー

　構造部位メーカーは航空機（機体）メーカーとは逆に，「ものづくり」の領域が主たる事業領域である．高いQCDで付加価値を生み出している．しかし収益率は相対的に低い．また，新興国メーカーの参入も多く，QCDの競争が厳しくなっている．

(3) エンジン・メーカー

　エンジン・メーカーは航空機（機体）メーカーと同様，「ものづくり」の前後を押さえ，かつ，直接顧客とつながっている．アフターサービス（プロダクト・サポート，MRO等）が重要な収益源で，ストック・ビジネスのモデルを構築している．また，エンジンは，燃費や環境性能など，顧客にとって重要な性能に直結した製品であり，影響力も大きい．

(4) 装備システム・メーカー

装備システム・メーカーもエンジン・メーカーに近いビジネスモデルを展開しているが，最終顧客であるエアライン等とのつながりはやや弱い．しかし，近年は顧客側が優れた装備システム・メーカーを指名する一方で，装備システム・メーカーが補用品を直接，エアラインにリースするなど，両者の接点が強まる傾向にある．また，装備システム・メーカーはストック・ビジネスのモデルを構築しており，プロダクト・サポートやMROは重要な収入源となっている．

(5) 素材メーカー

アルミニウム，チタン，複合材料等の素材は，いずれも航空機メーカーが認定するQCDを基本としたビジネスモデルで，その重要性から航空機メーカーの近くに製造工場が作られるケースが多い．今後は複合材料等，新素材の適用拡大が予測され，新素材を活かす材料設計技術や加工技術(低コスト化，サイクル向上，高精度加工等)，修理技術などの重要性が増す．さらに中長期的にセンサ，ネットワーク等のICT技術と複合材を融合したスマートマテリアルへの展開も考えられ，この場合，素材メーカーのビジネスモデルも変化していくと考えられる．

(6) アフターサービス

アフターサービスは，MRO(メンテナンス，リペア，オーバーホール)や補用品を供給するプロダクトサポートなどが代表的な事業である．顧客と直接接点があるストック・ビジネスのモデルで収益性が高い．メーカーだけでなく，エアラインやその系列会社，サードパーティなどが参画している．近年は，グローバルレベルでの企業間の提携やM&Aが進んでいる．

(c) 日本の航空機製造業のビジネスモデル

1.3.3項でも述べたように，日本の航空機製造業は，優れたQCDや先端技術に強みを有し，欧米の重要なパートナーとなっている．しかし，ビジネスモデルは優れたQCDに重点を置く傾向が強い．今後は設計・開発から認証，アフターサービス等まで一貫したソリューションを提供し，より高い収益を獲得できるビジネスモデルの構築が課題となる．このためには，たとえば，下記のような取り組みが考えられる．

① コンセプト構築，設計開発からアフターサービスまで一貫したソリュー

ションを提供し，より高い収益が獲得できるビジネスモデルを構築する（エアライン等の航空機運航業と，より密接な関係を構築することが重要）．
② ICT，自動車，エネルギー・環境，バイオミメティクス等，他の先端産業や高い技術力を有した中小企業との連携強化．
③ アジアの有力なパートナーをグリップし，グローバル市場においてアジア地域をリードし，欧米にとってより重要なパートナーとなる．

1.6.3　将来に向けてのビジネスモデルの変化

(a) 航空機技術の進展

1.3.1 項でも述べたように，航空機製造業は他の産業と比べて技術波及効果が大きい産業である．1970〜2000 年に日本の航空機製造業が国内の産業に及ぼした産業波及効果は約 12 兆円に過ぎないが，技術波及効果は約 103 兆円に達する．この値は同時期の自動車産業の技術波及効果の約 3 倍に達する[35]．また，航空機の技術波及は，従来は航空機製造業で生み出された技術が他産業に波及するスピンオフが主であったが，近年は他産業で生み出された技術が航空機製造業に適用され，性能や品質が向上し，再び他産業に波及するスピンオンが増加している．

スピンオンの例としては，航空機の電動化（MEA: More Electric Aircraft, AEA: All Electric Aircraft）関連技術が挙げられる．一方，航空機の主要システムの電動化が進むと産業構造も変わってくる可能性がある．たとえば，これまで航空機の主要システムは別々の 1st Tier が製造するケースがなかったが，MEA 化が進むと航空機の複数のシステムあるいは全体をとりまとめる，より強力な 1st Tier が登場する可能性がある．

(b) 新興勢力の台頭

現在，民間航空機では，ボーイング，エアバス，エンブラエル（ブラジル），ボンバルディア（カナダ）の 4 社が，50 席以上のジェット旅客機市場をほぼ独占している．しかし 2000 年代になり，この市場に複数の新興勢力が参画しつつある．三菱航空機の MRJ もその 1 つである．

---

39)　日本航空宇宙工業会・三菱総合研究所：航空機技術波及効果の定量化，産業連関表を利用した航空機関連技術の波及効果定量化に関する調査，日本航空宇宙工業会，2000.

新興勢力の中で先行しているのは，軍用機でアメリカとともに世界をリードしてきたロシアである．戦闘機メーカーとして実績のあるスホーイは，70～90席クラスのリージョナルジェット SSJ100「スーパージェット」を開発，同型式は 2008 年 5 月に初飛行に成功し，2011 年 4 月に就航している．エンジンはロシアとフランスの共同出資会社であるパワージェットで，SSJ100 はすでにオプションを含めて 300 機以上を受注している．同じロシアのイルクーツは 150～210 席クラスの MS21 旅客機の開発を進めており，2014 年の初飛行，2016 年の就航を目指しており，こちらも，200 機以上を受注している．

AVIC/COMAC を中心とした中国では 70 席クラスのリージョナルジェット，ARJ21-700 と 160～190 席クラスの C919 の開発が進められている．中国は 1980 年代にボーイング 707 をリバースエンジニアリングした Y10 を開発，その後，1990 年代にマクドネルダグラス MD80, MD90 をライセンス生産した．また，2000 年代に入りエンブラエル ERJ145（現在はビジネスジェット型のレガシー）のライセンス生産，エアバス A320 シリーズの最終組立等を行っている．初の国産ジェット旅客機となる ARJ21 は 200 機以上を受注しているものの，認証取得に時間がかかっており，就航が遅れている．C919 は 2014 年の初飛行，2016 年の就航を目指しており，これまでに 150 機以上を受注している．この他，カナダ・ボンバルディアの新型旅客機 C シリーズの胴体を，AVIC 傘下の瀋陽航空機製造が製造するなど，サプライヤーとしての事業も拡大している．

台湾の漢翔航空工業（AIDC: Aerospace Industrial Development Corporation）は，F-CK-1（経国戦闘機）等の軍用機を開発するとともに，ボーイングの 717-200 の尾部やビジネスジェット機の部品製造の実績がある．インドネシアの IAe (Indonesian Aerospace/PT Dirgantara Indonesia) の前身である IPTN (Industri Pesawat Terbang Nusantara) は，スペインの CASA と共同で CN235 輸送機を開発，1990 年代半ばには国産の双発ターボプロップ旅客機 N-250 を開発した．しかし，アジア通貨危機後，計画は中止，現在はエアバス・ミリタリーの協力を得て C295 輸送機のライセンス生産を計画している[40]．シンガポールは ST Engineering やその子会社である ST Aerospace，シンガポール航

---

40) PT Dirgantara Indonesia, February 16, 2012.

空系の SIA Engineering など MRO 事業で世界をリードしている．マレーシアは CTRM（Composite Technology and Research Malaysia Sdn. Bhd）がコンポジット製の部材・部品製造事業を拡大している．

韓国は 1999 年にサムソンアエロスペースや現代重工業の航空宇宙部門等が集約されて設立された KAI（Korean Aerospace Industries）と大韓航空が中心となり航空機製造事業を展開している．KAI はロッキード・マーチンの協力を得て国産のジェット練習機／攻撃機 T/A-50 を開発，近年，インドネシアへの販売に成功している[41]．一方，大韓航空はボーイング 787 の尾部などを製造している．この他，ヨーロッパまたは北米メーカーの 90 席クラスのターボプロップ機の開発計画への参画を検討中で，2020 年までに生産高で世界第 7 位の航空機産業となることを目指している[42]．

インドは国営の HAL（Hindustan Aeronautics Ltd.）が，国産の軽戦闘機やヘリコプター等を開発している．また，NAL（National Aerospace Laboratories）が開発したプッシャー型双発小型機「SARAS」の製造を計画している．さらに，国産の 70 席クラスのリージョナルジェット機 RTA-70（ターボプロップまたはリージョナルジェット）の開発を検討している[43]．この他，トルコの TAI（Turkish Aerospace Industries, Inc.）もボーイング 737，747，767，777 やエアバス A320 シリーズ向けの部品製造を行っている．

新興勢力の特徴は，その多くが胴体，尾翼など主要部位・部材を自社で製造しているものの，フライトデッキ・システムや制御システム，油圧系システム，空調システムなどの主要システムやアビオニクスは，欧米の主要企業（1st Tier）に依存していることである．日本の航空機製造業においても，今後は，これら装備システム分野の強化が課題となる．

---

41) Flightglobal, May, 27, 2011.
42) 韓国　知識経済部発表資料．
43) NAL (http://www.nal.res.in/pdf/rtaIAfeb10.pdf)

トピック 1　YS-11

　1952 年に GHQ（連合軍総司令部）による航空活動の禁止命令が解除され，1950 年より勃発した朝鮮戦争に向けた米軍機の保守や修理により日本の航空機産業は復活する．1954 年には防衛庁が発足し，翌年より米軍機のライセンス生産が開始され，1955 年にはジェット中等練習機（T-1）の国産化が決定された．こうしたなか，世界的に中距離輸送に使用されていた DC-3 の老朽化が進み，新型機が求められていた背景もあり，1956 年に，当時の運輸省により国産旅客機の検討が開始された．この検討は，1957 年に発足した財団法人輸送機設計研究協会により具体化し，英国製のターボプロップエンジン，ロールス・ロイス製ダートを 2 基搭載し，1200 m の滑走路で当初の計画より大きな 60 名乗りの機体案が YS-11 として固まった．1959 年には当時の通産省により，特殊法人日本航空機製造株式会社（以後は日航製と記す）が政府 3 億円，民間 2 億円の出資をもって発足し，YS-11 の設計，生産管理，販売サポートを主に行い，製造組み立ては民間会社が分担して行うことになった．1962 年 7 月 11 日に試作 1 号機がロールアウトし，8 月 30 日に初飛行に成功したが，その後の飛行試験において操縦性に課題があることが判明し，大幅な改修が必要となった．結果として，1963 年度中の量産開始という計画には間に合わなかったが，1964 年 8 月に運輸省の型式証明を取得し，同年 9 月の東京オリンピックの聖火リレーに使用された．量産 1 号機は 1965 年 3 月 30 日に運輸省航空局に納入され，国内定期路線での運航も開始された．同年 9 月には米国 FAA の型式証明を取得し，フィリピンへの輸出を皮切りに，最終的に 12 ヵ国へ輸出された．

　頑強な機体により高い定時出発率を誇った YS-11 も，就航当初は水漏れや，脚のトラブル等の初期不良とともに日航製のサポート経験の不足によりトラブル続きであったが，国内運航会社の整備陣の努力によって問題点が解消された．現在ではこうしたトラブルを設計段階で解決するために，製造会社と運航会社が共同で設計に参画する手法（ボーイングでは Working Together と呼ばれる）が採用されている．

　順調な売り上げの陰で，日航製の経営赤字が問題となり，1973 年に YS-11 は 182 機をもって生産終了となり，日航製は 1982 年に業務を民間に移管し解散となった．1971 年のニクソン・ショックによる為替差損の増大という不運もあったが，政府も民間も旅客機ビジネスに不慣れであり，特殊法人の経営体質にも問題があったとされる．YS-11 自体は，衝突防止装置の規格の変化に対応できなくなる 2006 年まで国内線で飛行を続け，2012 年時点でも自衛隊機として利用されている．

✈ トピック2　MRJ（三菱リージョナルジェット）✈

　MRJ は，YS-11 以来，約 50 年ぶりの国産旅客機として，2008 年に三菱航空機（株）が事業を開始した．最先端の幹線機技術を適用することにより，「環境に優れた燃費・低騒音・低排ガス」，「乗客に快適な客室」，「エアラインに優れた経済性・高い信頼性」の新しい価値を提供する 90 席から 70 席クラスの次世代リージョナルジェット機である．

　MRJ を支える主な技術は次の通りである．

- 先進空力技術・低騒音設計：CFD（Computational Fluid Dynamics）を適用した空力技術による，機体空力抵抗の低減，渦の衝突緩和による低騒音化等．
- 複合材技術：軽量効果と低コストを兼ね備えた複合材技術 A-VaRTM（Advanced-Vacuum assisted Resin Transfer Molding）を尾翼に適用．
- 次世代エンジン：効率に優れた次世代エンジンの採用による，燃費の向上と，排出物，騒音の低減を実現．
- 乗客志向の客室設計・スリムシート：広いヘッドクリアランス，フットクリアランス，大型オーバーヘッドビンの設置により幹線機なみの快適性を実現．
スリムシート採用による，より広い足元空間と快適性の確保．
- 次世代フライトデッキ：フライ・バイ・ワイヤ（Fly by Wire）を採用した人間中心設計のフライトデッキ．幹線機と同等の 4 面大型液晶ディスプレイを装備することで状況認知性を向上させ，パイロットのワークロードを低減し，安全性の向上を実現．

　MRJ が参入するリージョナル機の市場は今後着実に成長する見通しである．この中で，MRJ を競合機に対する優位性をセールスポイントに世界へ販売してゆくとともに，航空機ファイナンス，カスタマーサポート体制を整えることにより，YS-11 以来の国産旅客機完成機事業の成功が期待される．

三菱航空機（株）提供

トピック3　国際標準化

　標準化の目的は，互換性の確保，生産効率の向上，適切な品質の設定等にある．その標準化により制定される標準の種類としては，公的で明文化される「デジュール標準」，企業等により結成されたフォーラムで作成される「フォーラム標準」，そして個別企業等の標準が市場で支配的になった「デファクト標準」等がある．「デジュール標準」には，国際標準化機構（ISO：International Organization for Standardization）や国際電気標準会議（IEC：International Electrotechnical Commission）等が制定する「国際標準」，欧州地域が制定する「地域標準」，国家が制定する「国家標準」が含まれる．近年では，国際標準化戦略で主導権を握ろうと，各国とも ISO や IEC の活動に積極的に参画している．

　航空宇宙産業でも，品質の著しい改善とコスト削減を目指して，航空宇宙版の ISO 9001（品質マネジメントシステム規格）に相当する，AS 9100（米国），EN 9100（欧州），JIS Q 9100（日本）が制定され，この制定された各品質規格の展開と具体的な実施要領の標準化を目的として，1998 年に国際航空宇宙品質グループ（IAQG：International Aerospace Quality Group）が組織されている．なお，この3つの品質規格は，相互認証システムにより同等と認められており，事実上の国際標準としての役割を果たしている．また，熱処理，化学処理，皮膜処理等の工程により得られる製品が，技術的あるいは経済的に容易には検査できないことを受けて，これらを特殊工程として審査・認証する特殊工程認証プログラム（Nadcap：National Aerospace and Defense Contractors Accreditation Program）が，1990 年に PRI（Performance Review Institute）により制定されている．フォーラム標準ではあるが，ボーイング，エアバス，GE，P&W，RR 等の主要メーカーが参画しており，事実上の国際標準としての役割を果たしている．

　一方，標準ではないが，米国の連邦航空局（FAA：Federal Aviation Administration），欧州航空安全局（EASA：European Aviation Safety Agency）等が実施している航空機の耐空証明，運航等の承認に関する法令や安全基準については，米国材料試験協会（ASTM：American Society for Testing and Materials）の規格，自動車技術者協会（SAE：Society of Automotive Engineers）の規格，欧州規格（EN：European Norm）等が多く引用されており，国際標準からの引用が少ないのが現状である．日本で航空機を開発する場合は，まず国土交通省航空局の耐空証明等を取得するが，FAA，EASA の耐空証明等も必須であり，航空機産業の競争力向上のためにも，さらなる国際標準化の推進が重要となっている．

トピック 4　ICAO による航空機騒音規制

1950年代にジェット旅客機が就航し，ジェットエンジンによる騒音は各国で問題となった．米国 FAA（連邦航空局）が 1969 年に，新たに設計される亜音速ジェット旅客機の基準（ステージ2）を制定したことを契機とし，1971年，ICAO（国際民間航空機関）第 16 附属書（騒音対策）第 1 版が国際基準として制定された．ジェット騒音はジェット排気速度の 8 乗に比例することから，バイパス比を増加させることでエンジン騒音レベルを低下でき，また，吸音ライナーの進歩によってファン騒音も低下できたことから，ICAO の規制も 1976 年にチャプター 3 が，2001 年にはチャプター 4 が制定された．図はチャプター3で定められた方法で，離陸直下，離陸側方，着陸直下の3地点での騒音規制値が計測され，規制値は最大離陸重量の関数として与えられる．これらの規則は，新たに設計される航空機が対象となり，2001 年に制定されたチャプター 4 は，2006 年 1 月 1 日以降に型式証明を取得した機体に適用される．騒音レベルの高い，古い型式の航空機に関しては，運航制限，運航停止の規定も定められ，新しい規定に適合しない航空機の飛行は適宜，運航市場から消滅している．

現在，航空機騒音は ICAO に設置された CAEP (Committee on Aviation Environmental Protection：航空環境保全委員会) において議論されている．CO_2 削減のための新たなエンジン技術として，GTF (Geared Turbo Fan) やオープンローターが開発されていることもあり，今後の騒音規制値のあり方は明確ではない．ただし，新たに開発される機体にはチャプター 4 に対しても十分なマージンを有することが求められよう．また，CAEP では騒音以外に，NO_X や CO_2 の排出規制に関しても検討が行われており，国際的な目標値を制定する母体となっている．

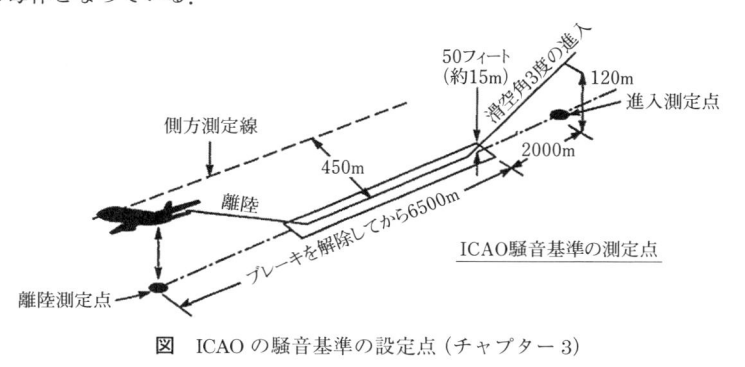

図　ICAO の騒音基準の設定点（チャプター3）

第2章 航空輸送とその安全

　航空産業では，航空機製造業と航空運送業とが車の両輪としての役目を果たしている．本章では，後者の航空輸送に関し，わが国の航空輸送の歴史と現行の国際航空輸送の枠組みが形成された経緯を整理したうえで，最近の動向としてオープンスカイの進展や航空会社間のグローバルアライアンスの深化，LCC（格安航空会社）のビジネスモデルの特徴などについて解説する．また，民間航空輸送に求められるきわめて厳しい安全性を確保するための国内外の制度のほか，各航空会社が行っている整備業務やその品質管理について概説する．

2.1　日本の航空輸送の歴史

　わが国の航空輸送は20世紀初頭，西欧列強に後れることなく始まったものの，第二次世界大戦後7年間にわたる航空の空白期間を余儀なくされた．航空再開後は高度経済成長の波に乗り，その勢いは2000年まで続いた．21世紀に入り減速傾向にあるが，2010年首都圏空港の容量問題解消を機に再浮上を期している．

2.1.1　1910–1945年——戦前：国威発揚としての航空
　1909年12月，東京帝国大学教授田中舘愛橘が航空力学の基礎知識をもとに設計した滑空機を，共同製作者の海軍大尉相原四郎と駐日フランス大使館付武官ル・プリウールが操縦し上野不忍池畔で初滑空に成功した．翌1910年12月，日野熊蔵・徳川好敏両陸軍大尉が東京代々木の陸軍練兵場で動力飛行に成功し，わが国航空史はこれを嚆矢とする．ただし使用された飛行機はドイツ製とフランス製であった．1911年5月，東京帝大卒の奈良原三次が民間人として設計製作した純国産機，奈良原式2号機が飛行に成功し，同年10月

国産軍用機「会式」1号機も初飛行した．

　11年後の1922年11月，井上長一の日本航空輸送研究所により民間商業航空輸送が始まった．2ヵ月後に朝日新聞社の東西定期航空会，さらに6ヵ月後には航空機メーカーとして川西竜三の日本航空株式会社が運航を開始した．

　政府は近代国家建設と国威発揚の観点から航空の有用性を早くより認識し，かつ海運が当初世界列強に後れをとった苦い経験に鑑みて，1928年，国家資本の国策会社設立を計画，同年の臨時帝国議会で日本航空輸送株式会社法を成立させ，翌1929年，同社は定期運送を開始した[1]．かくも短期間で事業を開始できたのは，既存の民間運航会社に機体・パイロット等の供出を迫ったからだった．川西の日本航空株式会社は政府提案に全面協力し，自らは航空機メーカーとして海軍御用達会社に事業集約した．朝日は抵抗しながらも譲歩した．一方，井上は政府案を拒絶し，日本航空輸送研究所の運航を続けると主張．結局，政府の方が折れて300 km以内の運航を許可する特例を出した．それをみた朝日は新たに朝日定期航空会を設立して運航再開したものの，数年で撤退している．

　国策会社である日本航空輸送の運航営業はほぼ10年間続くが，最初の数年間は乗客が少なく，政府補助金でかろうじて経営を続ける有り様だった．ところが，1936年度後半から幹部軍人・軍属の利用が多くなって急速に乗客数が増え，1935年には22万円だった同社の旅客収入が翌1936年には46万円，1938年には172万円と2倍，3倍に増えて経営が安定し始めた．突如乗客が増えた背景には，日本の東アジア侵攻に伴い，東京，大阪，福岡を中心に奉天（瀋陽），新京（長春），大連，北京，天津，南京への便や，那覇と台北等東アジアとの往来が必須となって「内国」路線が急展開していった背景がある．

　戦時色が濃厚になった1938年，大日本航空株式会社の設立が帝国議会で承認されると，政府はかつて譲渡を拒絶した井上の会社を強制的に組み込み，さらに中国大陸に満州航空株式会社や中華航空株式会社を設立し，1941年の太平洋戦争参戦後は，占領地が広域に及ぶに伴いそれら地域間の連絡・輸送を目的に南方航空輸送部と海軍徴傭輸送部隊を設立していった．これら乗客

---

[1]　運輸省：運輸省三十年史，運輸経済研究センター，1980．；運輸省50年史編纂室編：運輸省五十年史，運輸省50年史編纂室，1999．

の大半が軍部関係者で占められたものの，それは軍が座席を買い上げていたためで，5 社の組織の根幹は民間商業航空輸送だったことは注目されてよい[2]．

しかし，これら国策会社 5 社も第二次世界大戦終戦で事実上消滅した．機体もパイロットも整備員も輸送行為で傷つき撃ち落とされ大きな打撃を受け，輸送力はないに等しかったからである．後のことになるが，戦後わが国の民間航空再開を支えたのは，これら 5 社の生き残りパイロットと整備員である．

2.1.2　1940–1970 年代——航空再開と業界保護育成政策

戦後 1945 年 11 月，連合軍総司令部（GHQ）が発出した SCAPIN 301 号により航空に関する研究・製造・運送が禁止になった．しかし，1950 年の朝鮮戦争勃発を契機に GHQ 占領政策は転換し，航空・空港政策も軌道修正された．一方で，この航空禁止 7 年間の空白期間に世界の航空技術は格段の進歩を遂げており，航空再開後は政官民挙げて米欧キャッチアップに取り組まなければならなかった．

1951 年 9 月，サンフランシスコ講和条約が調印されると，翌 10 月，民間資本 100% の日本航空（旧日本航空）が設立され，営業活動が可能になるやノースウエスト航空に運航を委託する形で航空が再開された．1952 年 4 月，サンフランシスコ講和条約が発効し航空主権が返還されて，いわゆる航空の空白期間が終焉すると，7 月に羽田飛行場の接収解除，航空法公布・施行，8 月に航空局設立と日米航空協定署名が行われ，10 月に日本航空が国内線自主運航を開始，12 月には日本ヘリコプター輸送，極東航空など国内ローカル線航空会社の設立ラッシュが続く．翌 1953 年 8 月，日本航空株式会社法が公布・施行され，10 月国策会社として資本金 20 億円の現日本航空が誕生した．同社は 1954 年 2 月，羽田—サンフランシスコ，羽田—那覇線就航で国際線に進出を果たす．

当時の航空法は，政府が需給調整を行い，航空会社は路線ごとに免許を取得する必要があった（路線ごとの免許体制は 2000 年航空法改正まで継続）．政府は，国内線においては日本航空に幹線を担当させる一方，ローカル線は大

---

2) 日本航空協会編：日本航空史　明治・大正編，1956.；日本航空協会：日本航空史　昭和前期編，1975.；大日本航空社史刊行会編：航空輸送の歩み　昭和二十年迄，日本航空協会，1975.

阪を境に東西2つの地区に分けて日本ヘリコプター輸送と極東航空にそれぞれ運航を割り当てた．しかし地域限定運航で2社の経営は苦しい．1955年，政府は方針を転換し全国1ブロック1社体制にすべく2社の合併を進め，1958年に全日本空輸株式会社（全日空）が誕生した．しかし全日空の経営は一向に改善せず，翌1959年，政府は同社に東京—大阪，東京—札幌の幹線運航の免許を与えて財政状況を好転させた．ここに国内幹線では全日空と日本航空の2社，国際線では日本航空1社運航という定期航空の骨格が固まった．なお，国内幹線とはこの当時に日本航空が運航していた路線，すなわち東京，札幌，大阪，福岡，沖縄を結ぶ路線をいう．

　5年後の1964年，ローカル線3社の合併で日本国内航空が誕生した．同社は全国各地に点在する多数の路線を持つものの，どれも需要が極端に少なく経営基盤が弱かった．このため，1965年政府は同社に東京—福岡，東京—札幌の幹線運航の免許を与えて財政強化を図るとともに，国内ローカル線について全日空，日本国内航空，東亜航空，長崎航空の4社体制に整理統合していった．しかし，全日空を除いて劣悪な経営状態に変わりはなかった．

　世界では1959年，大西洋と太平洋にジェット機が初就航し，日本航空も翌1960年にジェット機DC-8を太平洋線に投入した．ジェット機は従来のプロペラ機に比べて速度と座席数が倍増し，1970年代のB747に代表される座席数300超のワイドボディ機では座席数がさらに2倍，3倍増となった．航続距離も延びて航空各社が経由便を直行便運航に換えると，販売座席数は激増した．供給量の急増に呼応して，1968年，日本が自由主義経済圏でGNP世界第2位に躍進し1人当たり国民所得が上昇するにつれ，旅客需要もビジネス客を中心に拡大し，国内・国際ともに1960年代は年率30%，1970年代は10%超の驚異的な成長をみせた．1970年代には国際航空運賃に団体割引が導入され価格が大幅に値下がりすると，観光客を中心に空の旅行の大衆化が進んだ．今日の大量高速輸送時代の幕開けである．

　1960年代のジェット機導入競争は航空各社の企業収支を一時的に圧迫した．しかし，経済成長と折からの航空需要の急増に助けられて収益は著しく改善し，財政基盤が弱い国内ローカル会社でも累積赤字を解消した．しかし財務体質の好転は，混沌から抜け出した事業者と1路線1社運航を原則に競争を排する事業者棲み分けの産業保護政策を採る政府の方針とで齟齬を生んでい

く．政府は，日本国内航空を日本航空に合併させる一方で，東亜航空と長崎航空の2社を全日空と合併させて国内幹線運航会社を2社に集約する方針であったが，財政立ち直りの機運をつかんだ日本国内航空と東亜航空が自ら合併を主張し始め，全日空も日本航空による国際線独占の変更を次第に強く要求し始めたのである．

政府は1970（昭和45）年，運輸政策審議会答申を閣議了解（45年閣議了解）し，1971年には日本国内航空と東亜航空の合併（東亜国内航空）を認めたため，国内線は3社体制に移行した．1972（昭和47）年，運輸大臣通達（47年大臣通達）によって，これら航空3社の事業分野，輸送力調整，協力関係を明文化し，航空事業者を基本的に国際線，国内幹線，国内ローカル線に截然と棲み分けして，過当な競争を避けて企業体力を養わせる産業保護・育成政策を明確にした．これが「45・47体制」と呼ばれ，上記閣議了解および大臣通達はその後「航空憲法」と称された[3]．

政府の産業保護・育成政策は奏功し，日本全体の航空力は1977年に米国・ソ連に次ぐ世界3位を占めるまでに成長し，その後1983年には日本航空がトンキロ・ベースでルフトハンザや英国航空を凌いで国際線世界一にのぼり詰め，全日空も国内旅客数で米国ビッグ3に次ぐような順位を占めるまでに成長していく．

2.1.3　1980–1990年代——規制緩和・自由化

1980年代前半までに日本経済は目覚ましい成長を遂げ，製造業は「ジャパン・アズ No. 1」と世界に賞賛され，旅客需要も国際貨物需要も急増した．そうした情勢下，海運会社が中心になって日本貨物航空を設立して国際路線の許可申請を出し，全日空は近距離国際旅客定期運航への参入を，東亜国内航空も国際チャーター運航の参入を主張し始めた．海外では1978年に米国で航空規制が撤廃され，路線参入と運賃の自由化に注目が集まるなか，1985年日米航空交渉で「暫定合意」が結ばれ，それまで米国側3社に対して日本側は日本航空1社のみと不均衡であった太平洋路線において日本側2社の新規参入が可能となった．これが「45・47体制」見直しの直接的な契機となっていく．

---

3) 日本の航空100年記念誌編集委員会編：日本の航空100年　航空・宇宙の歩み，日本航空協会，2010．；日本航空協会編：日本航空史　昭和戦後編，1992．

路線数（上段：1986年度，下段：1996年度）

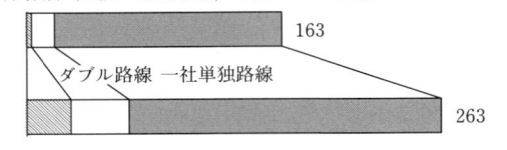

ダブル路線　一社単独路線
163
263

旅客数（上段：1986年度，下段：1996年度）

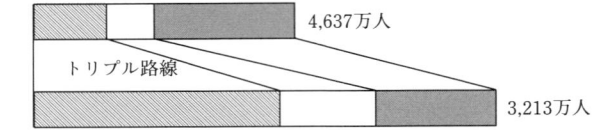

トリプル路線
4,637万人
3,213万人

図2.1 規制緩和後の路線数・旅客数比較（1986年度 vs. 1996年度）
（国土交通省「航空統計輸送年報」を基に筆者作成）

同年，政府は運輸政策審議会の諮問・中間答申を経て「45・47体制」の廃止を閣議決定し，従来の産業保護政策から競争促進政策に方向転換した．すなわち，翌1986年，国際線に複数社制を導入し，国内線についても1路線に複数社（ダブル・トリプルトラック）運航を認めて利用者の利便向上を図る方針を打ち出し，そのための路線参入基準を公表した．これは航空法に規定する路線免許制における需給調整規制を維持したまま，一定の競争促進を図る措置であった．この結果，全日空は日本航空の独壇場だった国際線に進出し，日本航空は全日空が築き上げた国内線網の中で準幹線と言われる高需要路線に順次参入し，それぞれに路線網を広げていった．段階的な競争の導入はバブル経済の時期と相俟って，とくに3社路線において路線数・旅客数の顕著な伸びをもたらした（図2.1）．

1980年代と1990年代の国内旅客需要は年率がそれぞれ5％，3.5％の伸び率であったが，国際旅客需要では本邦会社の実績は7.6％と6.6％で成長した．この急成長は空港建設行政が後れるなか，供給が潜在需要の水準以下という特殊な空港事情のもとで達成されたことを忘れてはなるまい．

1978年に成田空港が開港したものの，それに先立つ空港立地選定の過程で政府と地元住民との間にボタンの掛け違いがあり，開港までに何人もの尊い人命が失われた．これが政府の空港建設のトラウマとなって，その後2010年まで首都圏空港容量不足が続くのだが，1980年代において旅客・貨物の需要が伸びる速度に羽田と成田の空港発着増枠が追いつかない事態に，本邦各社

は 400 席を超える新鋭機の大型機を大量投入して問題解決を図った．勢い本邦会社の B747 型機保有機数は世界で突出していった．同機改良型 B747-400 機は 1990 年代の最新鋭機であり，その保有機数の多さはわが国航空輸送産業の繁栄を物語った．少ない頻度で一度に大人数を輸送する経営手法は往時のわが国製造業が「少品種大量生産」で世界に雄飛した姿と二重写しだ．しかし 1980 年代後半，米欧市場や大西洋路線ではすでに「ダウンサイジング」が緒についており，多頻度運航による「多品種少量生産」型に移行している．

また，1980 年代後半，日本航空が民営化した．ナショナル・フラッグ・キャリア（国策会社）の民営化は規制緩和・自由化の潮流とともに世界の趨勢だった．

路線参入緩和に数年後れて，1990 年代に運賃制度の弾力化が図られ，航空会社の運賃設定自由度が格段に高まった．その結果，1990 年における旅客キロ当たり運賃（CPI 調整後）を 100 とすると，1999 年に 70.8 まで下降し，一時少し戻した後 2002 年には 69.7 となった．これは利用者の実質支払運賃の低下と同時に，航空会社にとっては競争激化時代への移行を意味する．

国内路線参入基準は数次にわたり緩和され，やがて需給調整規制の廃止宣言となり，航空事業を路線免許制から事業許可制に移行する改正航空法が 2000 年 2 月に施行された．その間，羽田空港では 1984 年着工の東京湾沖合展開事業により 1997 年に新 C（現 C）滑走路が完成して発着枠往復 40 便増が見込まれた．政府はこのうち 6 便分を新規会社枠とし，スカイマークと北海道国際航空の新規 2 社が 1998 年から東京―福岡，東京―札幌でそれぞれ運航を開始した．旧法に基づく路線免許制の下で，実に 34 年ぶりの新規参入であった[4]．

競争政策への転換は本邦各社において国内外路線網の拡充，国際競争力の強化となって結実するとともに，利用者には利便性向上と急速な需要増をもたらし，1990 年代後半にわが国を米国に次ぐ世界 2 位の航空大国に駆け登らせた．

2.1.4　2000–2010 年代——オープンスカイと LCC 台頭の新時代

21 世紀は，9・11 テロや SARS 禍，金融危機などイベントリスクに弱い航

---

[4]　酒井正子：羽田 日本を担う拠点空港——航空交通と都道府県，成山堂書店，2005．

空業界は多難な新世紀幕開けをし，わが国航空需要は不規則変動を繰り返す我慢の10年間となった．

世界ではオープンスカイの進展と並行して，経済のグローバル化に伴って航空界でも寡占化と厳しい国際間競争からグローバル・アライアンスが深化するなか，航空各社はアライアンス加盟会社間でコードシェア等を行い，国際ネットワークの拡大やスケールメリットの活用，常連客の獲得を図ってサバイバル競争を展開している．わが国でも大手航空会社は3社体制から2社体制となり，全日空が1999年スターアライアンスに，日本航空が2007年ワンワールドに加盟した．

一方で，サービスを最小限に抑えて効率優先の運航を行う格安航空会社（LCC：Low Cost Carrier，詳細は2.6.3項を参照）が欧米で多数出現して輸送力を急速に伸ばしており，アジアでは超低運賃で低所得層の需要を開拓している．新たなビジネスモデルを持つLCC群に，既存大手群が生き残りをかけて既得権を守ろうとする構図だ．

かくて世界の航空界の景色が大きく変化するなか，わが国では，遅れ気味だった羽田と成田の空港整備が2009年末から2010年にかけて完了したことから当分の間不足のない発着枠が確保されたことで，本邦航空各社がそこを

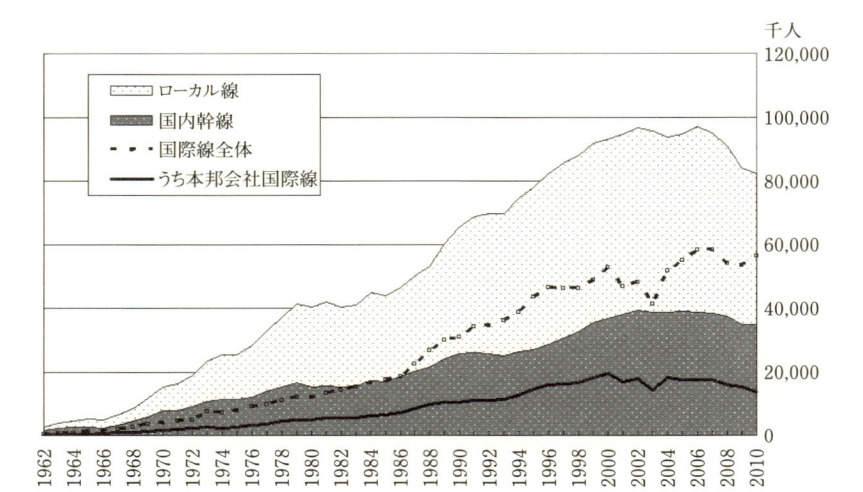

図 2.2 わが国航空旅客数の推移（1962–2010年度）（国土交通省資料を基に筆者作成）

自社ハブとして国内外で存分に競い合える環境がようやく整うことになった．その成果が 2010 年 10 月，日米航空自由化協定の締結であり，以後世界各国との間でオープンスカイ協定を締結して世界の潮流を追い掛けている．

しかし残念なことに，日本の航空界は変調を来しているようである．日本航空が日本エアシステム（旧東亜国内航空）吸収合併でつまずき，かつての花形 B747 型機が燃費非効率と敬遠され，それを最多保有する同社は経営刷新の後れを指摘される時代に変わった．規制緩和策と首都 2 空港発着枠捻出の両輪が 1998 年から 2002 年にかけてわが国を米国に次ぐ世界第 2 位の航空大国に押し上げたものの，その後の需要は下降線を辿り（図 2.2），世界順位は 2010 年現在，米・中・独・湾岸 3 ヵ国・英・韓の各国を追う 7 位の座にある．2010 年経営破綻した日本航空が採った再建策は全 B747 型機の売却と不採算路線見直しという路線縮小であり，全日空も同様の経営改革を図った結果，本邦企業の航空供給量は減少している．人口減少社会の到来と国内航空市場の飽和感から需要が縮小して，世界順位の一層の低下は避けられまい．そこに東日本大震災と福島原発事故禍も加わり本邦航空界にはマイナス材料に枚挙のいとまがない．官民で必死に劣勢挽回を目指すつぎの 10 年になりそうだ．

悲観ばかりでもない．わが国周辺には世界の成長センターであるアジア諸国が控えている．2012 年，本邦会社は大胆な経営効率の改善を達成する一方で LCC 3 社の設立・運航に踏み切り，日本国内やアジアの新興市場に打って出ようと劣勢挽回に立ち上がっているからだ．全日空はハイテク機 B787 と国産リージョナルジェット機 MRJ のローンチカスタマーに名乗り出るなど積極果敢な経営を推し進めている．同社をはじめ経営危機から立ち直った日本航空，そして大手 2 社に続く第 3 の航空会社群はたまた LCC 各社が，アジア新興市場から如何に着実に成長の果実を取り込んでいくかがわが国航空輸送産業盛衰の将来を決めることになろう．

2.2　シカゴ体制と 2 国間協定

国際民間航空輸送については，第二次世界大戦後現在に至るまで，その基本的な枠組となってきたのが，シカゴ条約と二国間協定を基盤とするいわゆ

るシカゴ体制である．

2.2.1　シカゴ会議とシカゴ体制

　第二次世界大戦終戦前の1944年11月，戦後の国際民間航空輸送のあり方を定める体制・制度づくりのため，米国が連合国と中立国の52ヵ国をシカゴに招聘し，「国際民間航空会議」（シカゴ会議）が開催され，「国際民間航空条約」（シカゴ条約）が採択された．シカゴ会議では，航空における自由を求める米国と，英国をはじめ秩序ある発展を志向する欧州諸国の意見が対立するなかで，1919年のパリ条約で合意された「領空主権」や「国籍条項」（当事国の国民による実質的所有および実効的支配），安全に関する規定等が再確認され，シカゴ条約に盛り込まれた．

　しかしながら，シカゴ条約だけでは実際の国際航空輸送業務には不十分であったため，各国の領空主権を排他的権利としたうえで，航空輸送を5形態に分類（「空の5つの自由」）し，領空通過と技術着陸（「第1の自由」と「第2の自由」）を認める「国際航空業務通過協定」と，他国領域への商業的乗り入れのための権利（「運輸権」，「第3・第4・第5の自由」）を含めて定める「国際航空運送協定」を規定した．

　「国際航空業務通過協定」は総じて批准されたが，「国際航空運送協定」の方は会議中の意見の対立を反映し，結局多数国間協定の形では成立しなかった．そのため，具体的な運輸権等を定める国家間の取り決めについては，2国間交渉を通じた航空協定に委ねられることになり，後日，米英間で締結される航空協定（通称「バミューダ協定」）がその雛形となっていった．

　このような，シカゴ条約とバミューダ協定をモデルとした航空協定を基盤とする国際民間航空の枠組みを，通常「シカゴ体制」もしくは「シカゴ・バミューダ体制」と称している．

　敗戦国である日本は，1952年のサンフランシスコ条約発効により，占領状態が終結し独立が認められた後，1953年にシカゴ条約を批准してシカゴ体制に加わった．シカゴ体制は，国際民間航空の健全な発展のための多国間の取り決めという側面と，国際民間航空を国益，国威，国家安全保障の観点から捉え，相互互恵の精神のもと，自国キャリアの保護，権益確保を重視する2国間の協定という側面を併せ持っている．

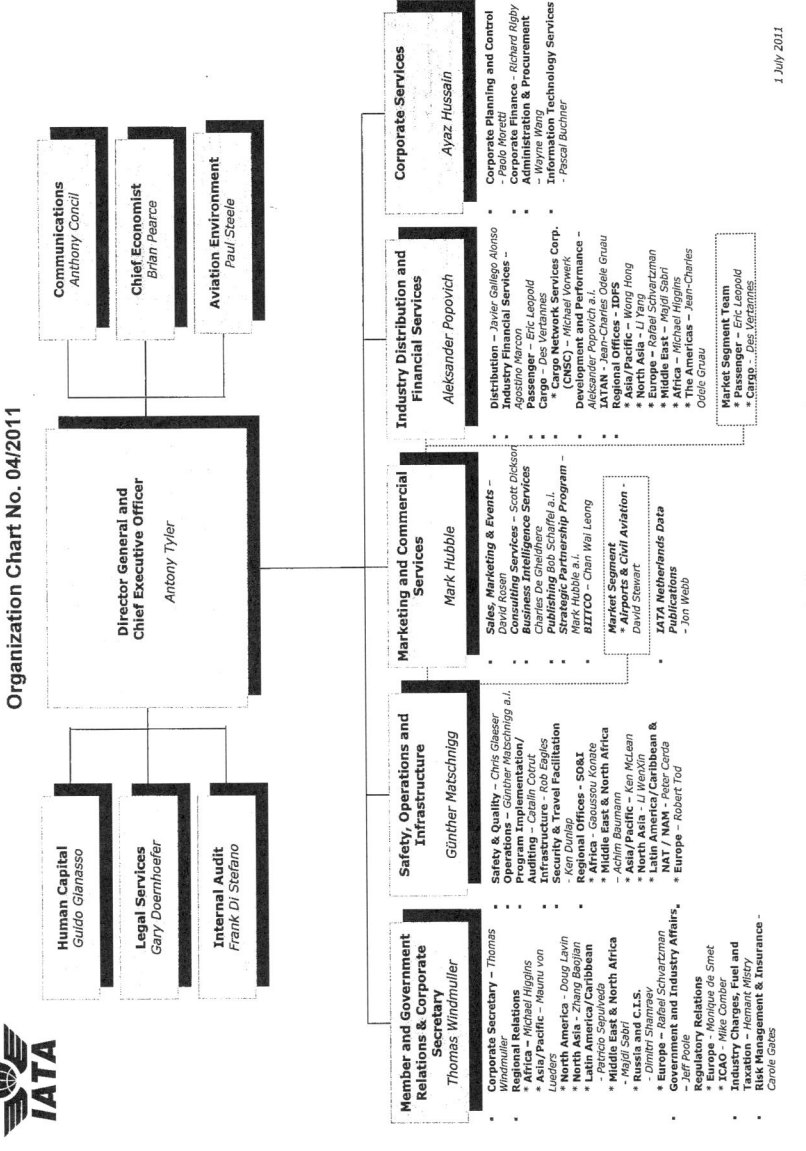

2.2 シカゴ体制と2国間協定 73

Organization Chart No. 04/2011

Director General and Chief Executive Officer
Antony Tyler

- **Communications** — *Anthony Concil*
- **Chief Economist** — *Brian Pearce*
- **Aviation Environment** — *Paul Steele*
- **Human Capital** — *Guido Gianasso*
- **Legal Services** — *Gary Doernhoefer*
- **Internal Audit** — *Frank Di Stefano*

Member and Government Relations & Corporate Secretary
Thomas Windmuller

- Corporate Secretary – Thomas Windmuller
- Regional Relations
  * Africa – Michael Higgins
  * Asia/Pacific – Maunu von Lueders
  * North America – Doug Lavin
  * North Asia – Zhang Baojian
  * Latin America/Caribbean – Patricio Sepulveda
  * Middle East & North Africa – Majdi Sabri
  * Russia and C.I.S. – Dimitri Shamraev
  * Europe – Rafael Schwartzman
- Government and Industry Affairs – Jeff Poole
- Regulatory Relations
  * Europe – Monique de Smet
  * ICAO – Mike Comber
- Industry Charges, Fuel and Taxation – Hemant Mistry
- Risk Management & Insurance – Carole Gates

Safety, Operations and Infrastructure
Günther Matschnigg

- Safety & Quality – Chris Glaeser
- Operations – Günther Matschnigg a.i.
- Program Implementation/Auditing – Catalin Cotrut
- Infrastructure – Rob Eagles
- Security & Travel Facilitation – Ken Dunlap
- Regional Offices – SO&I
  * Africa – Gaoussou Konate
  * Middle East & North Africa – Achim Baumann
  * Asia/Pacific – Ken McLean
  * North Asia – Li WenXin
  * Latin America/Caribbean & NAT / NAM – Peter Cerda
  * Europe – Robert Tod

Marketing and Commercial Services
Mark Hubble

- Sales, Marketing & Events – David Rosen
- Consulting Services – Scott Dickson
- Business Intelligence Services – Charles De Gheldhere
- Publishing Bob Schaffel a.i.
- Strategic Partnership Program – Mark Hubble a.i.
- BIITCO – Chan Wai Leong
- Market Segment
  * Airports & Civil Aviation – David Stewart
- IATA Netherlands Data Publications – Jon Webb

Industry Distribution and Financial Services
Aleksander Popovich

- Distribution – Javier Gallego Alonso
- Industry Financial Services – Agostino Marcon
- Passenger – Eric Leopold
- Cargo – Des Vertannes
- Cargo Network Services Corp. (CNSC) – Michael Vorwerk
- Development and Performance – Aleksander Popovich a.i.
- IATAN – Jean-Charles Odele Gruau
- Regional Offices – IDFS
  * Asia/Pacific – Wong Hong
  * North Asia – Li Yang
  * Europe – Rafael Schwartzman
  * Middle East – Majdi Sabri
  * Africa – Michael Higgins
  * The Americas – Jean-Charles Odele Gruau
- Market Segment Team
  * Passenger – Eric Leopold
  * Cargo – Des Vertannes

Corporate Services
Ayaz Hussain

- Corporate Planning and Control – Paolo Moretti
- Corporate Finance – Richard Rigby
- Administration & Procurement – Wayne Wang
- Information Technology Services – Pascal Buchner

1 July 2011

図 2.3 IATA 組織図（IATA の HP より）

2.2.2 ICAO と IATA

シカゴ条約に基づき1947年に，国際航空の安全確保と健全な発展のための国際管理機構である「国際民間航空機関」(ICAO: International Civil Aviation Organization) が国際連合の専門機関として設立され，国連加盟各国がその構成員となっている．ICAO の位置付けについても，当初強い管理機能を想定する英国と，これに反対する米国との対立があったが，米国の主張に近い形での設立となった．日本は1953年，シカゴ条約を批准するとともにICAOに加盟した．本部はカナダのモントリオールに在り，各種委員会を通して，法的分野での機能や技術的分野 (運航技術，管制方式，航空保安施設，空港施設，航空機の登録等，国際航空輸送のインフラや技術面) での機能 (国際標準や勧告方式の協議・採択) を果たしている (ICAO については，2.5.2項を参照)．

シカゴ体制を支えるもうひとつの組織が,「国際航空運送協会」(IATA: International Air Transport Association) である (図 2.3)．シカゴ会議で国際航空ビジネスに関する具体的な決定がされない状況を見て，1945年，主要航空会社が世界航空企業会議において，IATA の設立を決議し，発足することとなった．現在約260社の航空会社を会員として構成されており，国際航空輸送に携わる航空会社が正会員，それ以外の航空会社は準会員となっている．日本航空は1953年に，全日空は国際線参入後の1989年に加盟した．また旅行代理店や観光産業等も，関連業界としてIATA の活動に参加している．

本部はスイスのジュネーブとカナダのモントリオールに置かれている．IATA は，国際航空輸送での航空会社間の協力促進と，円滑なサービスやサービス向上のための国際標準や統一システムを設定する役割を担っており，運送約款，航空券，貨物書類，販売代理店，総代理店，運賃関係，運賃精算等に関する標準化や仕組みづくりを行っている．

種々の委員会活動の他，具体的な機能としては，Schedule Coordination (空港発着枠の調整)，IATA Clearing House (ICH: 航空会社間の精算機関)，Bank Settlement Plan (BSP: 航空会社・IATA 代理店間の精算機関) 等がある．

また国際線の運賃については，従来IATA の運賃調整会議で構成航空会社の合意により決められ，2国間運賃に関する両国政府認可と相俟って，基本的に「IATA 運賃」として守られてきた．当初から，米国は IATA による運賃

決定システムに批判的であったが，その他ほとんどの国はこの仕組みを支持していたため，国際カルテル的なシステムが例外的に認められてきたのである．しかしながら，その後航空の自由化が進展するにつれ，運賃についても，規制は利用者利便に反するとの声が高まり，21世紀に入ると，次第にIATA運賃の独占禁止法（競争法）適用除外が外されることになった．

IATAの運賃調整会議は廃止され，IATA運賃も形態が変わるとともに，各航空会社（キャリア）が個別に決める「キャリア運賃」が導入されることにより，運賃における自由化が進んだ．

2.2.3 「空の自由」

シカゴ会議において，領空主権の原則，各国の機会均等，国内輸送権（「カボタージュ」）の確立，航空機の法的位置付け，国際航空の技術的事項を取り扱う「国際民間航空機関」（ICAO）の設立等が，シカゴ条約に規定された．併せて「国際航空業務通過協定」（第1および第2の自由（通過権）），「国際航空運送協定」（第3，第4，第5の自由（運輸権）も含む）により，「空の自由」という概念が導入された．ここでの「自由」とは，領空主権に基づき各国が他国に認める自国領域内での航空輸送に関する許可のことであり，通過，着陸，貨客の積み降ろしといった業務を行う権利である．

現在9種類の形態の「自由」が認識されているが（図2.4），シカゴ会議の時点では，そのうちの第1から第5までの自由につき合意がなされ，第3から第5の自由（運輸権）に関する各国間の具体的な決定については，2国間交渉・協定によることとなった．

- 第1の自由（領空通過，Fly-over）
  相手国の領域を，無着陸で横断飛行する自由
- 第2の自由（技術着陸，Technical Landing）
  相手国の領域に，給油等の目的で離着陸する自由
- 第3の自由（自国より相手国へ輸送）
  自国領域で積み込んだ貨客を，相手国領域で取り降ろす自由
- 第4の自由（相手国より自国へ輸送）
  相手国領域で積み込んだ貨客を，自国領域で取り降ろす自由

第1の自由：領空通過の自由

第2の自由：技能的着陸の自由

第3の自由：自国から相手国への運輸権

第4の自由：相手国から自国への運輸権

第5の自由：以遠権

第6の自由：自国をハブとする三国間輸送の自由

第7の自由：ゲージ権

第8の自由：タグエンド・カボタージュ

第9の自由：完全なカボタージュ

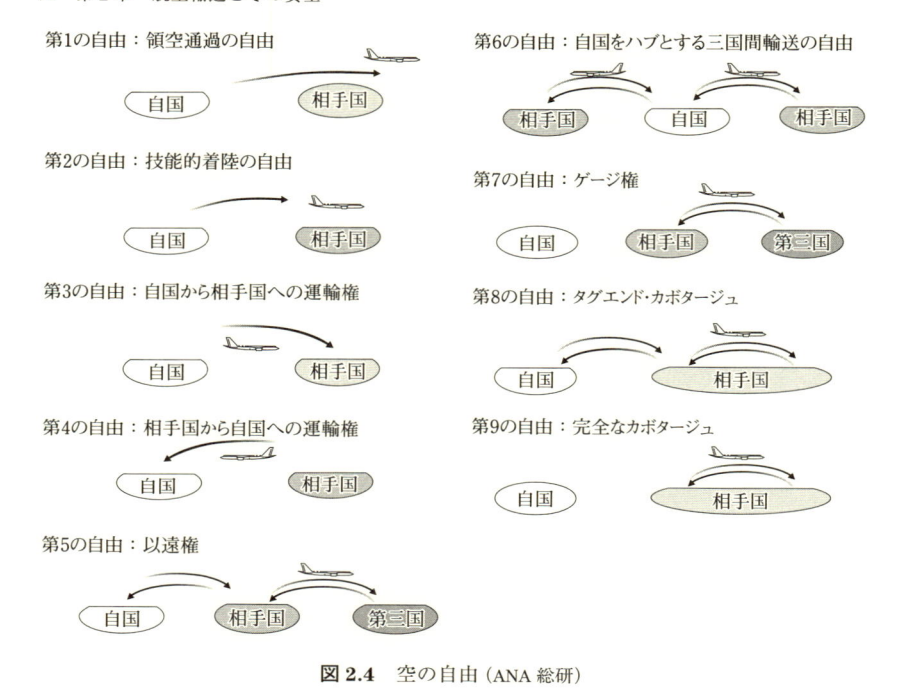

図 2.4 空の自由（ANA 総研）

- 第5の自由（相手国より以遠第三国へ輸送，以遠権）
  相手国領域で第三国領域へ向かう貨客を積み込み，または第三国領域で積み込んだ貨客を取り降ろす自由

- 第6の自由（相手国より自国経由で第三国へ輸送）
  相手国領域で積み込んだ貨客を，自国領域を経由して第三国領域で取り降ろす自由

- 第7の自由（相手国より直接第三国へ）
  自国領域に寄航せず，相手国領域と第三国間の路線で，貨客の積み込みと取り降ろしを行う自由

- 第8の自由（相手国内区間の輸送，タグエンド・カボタージュ）
  自国領域から相手国領域への路線輸送の延長として，当該相手国領域内

にて貨客の積み込みと取り降ろしを行う自由
- 第9の自由（相手国内区間だけの輸送，カボタージュ）
自国領域からの路線輸送の延長としてではなく，相手国領域内にて貨客の積み込みと取り降ろしを行う自由

2.2.4　バミューダ協定（2国間航空協定）

　1944年のシカゴ会議では，国際航空輸送における経済的権益である「運輸権」を定める多国間協定としての「国際航空運送協定」が成立することなく，2国間交渉に委ねられることになったが，米英間の交渉では，当然ながら自由な競争を主張する米国と，制限・秩序を主張する英国が対立した．主な対立点として，まず輸送力につき，英国が事前審査主義，米国が事後審査主義の立場をとった．また航空運賃に関しては，英国がIATAで合意され，当該両国当局間で認可されることを条件としたが，一方の米国はIATAでの運賃決定システムに反対していた．交渉の結果，米英間の妥協策として，輸送力については事後審査主義を採り，運賃についてはIATAの運賃決定機能を認めることにより，1946年，米英間の航空協定が締結された（通称「バミューダI」）．

　その後，航空機の大型化，輸送供給量の増大に伴い，輸送力における事後審査主義が，数ある大規模キャリアを有する米国に有利に働く傾向が強まった．

　そこで，これを不満とする英国は，1976年に米英航空協定（バミューダI）の廃棄通告をして，米国との新協定づくりのための交渉に入り，1977年に新協定（バミューダII）が結ばれた．バミューダIIは英国の意向が反映され，より制限的なものとなった．バミューダ協定により，両国互恵主義に基づき，指定航空企業，国籍，路線，輸送力，運賃等を定めるという仕組みが構築され，それ以降の2国間航空協定のモデルとなって，現在に至るまで存続することとなる．

　このような枠組みの中では，路線や輸送力を自由に決めることはできず，各航空当局間の交渉に基づく合意によらねばならない．米国としては，バミューダ協定が保護主義的，規制的内容で，自由化を望むその意向に沿わなかったこともあり，国内での規制撤廃を経て，積極的に国際航空輸送での自

由化を標榜し，各国に強く求めていった．

　日本は 1952 年に米国との航空協定締結以来，現在に至るまでに 55 ヵ国・1 地域との間で協定を結んでいるが，今後日本との定期航空路開設を望む数多くの国が協定の締結を希望している．

2.3　オープンスカイとグローバル・アライアンス

　1980 年代以降，世界的な航空自由化の進展に伴い，顧客利便性や自社プレゼンスの向上，並びにコスト面，外資規制，空港容量等の観点からエアライン間のアライアンスが盛んになり，グローバル・アライアンスが形成されることとなる．

2.3.1　米国国内航空の規制廃止

　1970 年代末から航空業界での規制緩和が活発化したが，きっかけとなったのは米国での動きであった．経済全体の規制緩和を実施する中での航空分野の自由化であったが，米国でも従来は 1938 年成立の「民間航空法」により，航空会社ごとの事業領域が厳しく分類され，輸送権はすべて認可制であり，運賃も規制されていた．産業として発展途上であり，公共交通でもある定期航空輸送は，規制による保護の対象とされていたのである．

　その後，航空機の大型化や運航技術の進歩に伴って航空輸送が発達してくると，従来の国による規制が，利用者や航空会社にとって必ずしも必要でないもの，緩和されるべきものであるという世論が高まってきた．

　当時のカーター政権は，1978 年「航空企業規制緩和（廃止）法」制定以降，規制緩和を 3 段階で実施し，最終的には 1985 年に，航空行政の監督組織であった民間航空委員会も廃止し，安全に係わる規制以外の経済的規制が撤廃されて，国内航空の完全自由化が実現した．これにより米国内の航空業界，航空マーケットは一気に活性化し，続々と新規参入がなされ，路線網・便数が増大し，割引運賃や各種サービスも多様化して，利用者の選択肢が大いに広がった．一方で，自由化により一挙に増えた航空会社は，猛烈な競争の中で次々と破綻や統合を繰り返し，次第に大手航空会社への寡占化が進んだ．

2.3.2 米国の国際航空政策——オープンスカイ政策

米国は，国内での規制撤廃と並行して，懸案である国際線での自由化にも乗り出した．

元来から自由競争を提唱してきた米国では，航空需要の伸びと，既存のバミューダ型・2国間航空協定による制限的システムの改正を求める議論の盛り上がりを背景に，「新国際航空交渉方針」，「米国モデル航空協定」を策定したうえで，1979年に「国際航空競争法」を成立させ，諸外国に対して国際航空輸送の自由化を促していった．これがいわゆる「オープンスカイ政策」であり，第1から第5の「自由」以外の「自由」についても認め，各国のエアラインが，世界中で自由に旅客や貨物を輸送できる仕組みを目指すものである．

ただし，米国のオープンスカイ政策は，米国キャリアの権益拡大を主眼とし，巨大マーケットである米国内の輸送権（カボタージュ）を外国キャリアに開放していないことから，真の自由化とは言えない一面もある．

オープンスカイを強く主張する米国に対し，英国をはじめ多くの国は，シカゴ体制のもと，2国間協定によるニーズに応じた拡大「秩序ある成長」を望んでいた．オープンスカイを受け入れることにより，強大な米国キャリアにマーケットが席巻されることを恐れ，また国家の安全保障が脅かされることを危惧したのである．

やがて，世界経済の発展や各国間流動の増大に伴い，徐々に各国の航空会社が体力をつけ，利用者が自由化を支持する傾向を背景に，1990年代に入って米国は一層オープンスカイ政策を推し進めるべく，1992年にオープンスカイの基本的内容を盛り込んだ「オープンスカイ・イニシアティブ」の概念をまとめた．

政策推進に当たっては，まず各地域で賛同し易い環境の国を選び，オープンスカイ協定を締結し，徐々に周辺国を巻き込み，最終的にはオープンスカイに否定的な国を攻略するという戦略をとった．

欧州で最初にターゲットになったのはオランダであった．国内マーケットが小さいオランダにとっては，米国との間の輸送力拡大は魅力的であり，一方の米国としても，オランダとのオープンスカイ協定自体の影響が大きくなく，象徴的第一歩としては適当であった．こうして1992年，米国・オランダ

間でオープンスカイ協定が締結された．

その後，1995年にベルギー，ルクセンブルク，オーストリア，スイス，デンマーク，ノルウェー，スウェーデン，フィンランド，アイスランドの9ヵ国との間で，また1996年にはドイツとの間で協定が結ばれた．

次々と欧州各国がオープンスカイ化していくなか，これに抵抗する英国とフランスは，EU加盟国に対し「米国との航空交渉は，各国単独ではなくEUとして行うべきもの」と主張し，英国は米国との協議においても，この論理に基づき，EU一体としての交渉方法や，米国への運輸権益，米国内での運輸権益を要求したが，いずれも功を奏さなかった．

それから10年間ほどの議論を経て，双方にとってきわめて重要なEUならびに米国という2大マーケットにつき，米国国内線の開放と外資規制の緩和という問題を除いて，自由化の合意に至った．

アジアにおいては，やはり国内マーケットを持たないシンガポールがオープンスカイの橋頭堡となって，1997年に米国と協定を結び，翌年の1998年には，同様に韓国が締結することとなり，その後各国がこれに続いた．

大きな国内マーケットを有する中国は，オープンスカイに慎重な姿勢を保って段階的な権益拡大に応じてきたが，諸外国の状況や自国の国力充実・中国キャリアの成長等により，近年米国との自由化交渉を本格化し始めた．

このようにして，米国は世界中の国々との交渉を継続し，現在では100ヵ国近い国々との「オープンスカイ協定」を実現している．

2.3.3　EUの航空自由化——単一航空市場

米国内で実施された規制廃止が，航空の活性化や航空の安全に寄与している状況を受け，欧州連合（EU: European Union）でもEU域内における航空市場の統合・自由化に向けた検討が始められた．

欧州において，最初に航空の規制緩和に着手したのは英国であった．1979年以降，サッチャー政権は民間活力の導入による経済の活性化という考え方を根拠に，公正な競争を通じた自由化への航空政策の転換，規制緩和を推進した．

英国とともに，元来自由化を志向していたオランダがイニシアティブをとる形で，「ひとつの空・ひとつの市場」，「EU航空企業」というような超国家

的概念のもと，1987年からEU域内全体での規制緩和，障壁除去が行われ，3段階のステップ（パッケージⅠ（1987年），パッケージⅡ（1990年），パッケージⅢ（1992年））を経て，最終的に1997年全面的な自由化に至った．国籍条項やカボタージュの制限も撤廃され，EUの「シングルスカイ」とか「クリアスカイ」と呼ばれている．ここにEUの域内共通航空政策（航空自由化パッケージ）が完成し，EU全域内の航空輸送につき，EU域内の航空会社は自由な運賃設定での自由な輸送が可能となった．

これにより，EU諸国内では2国間航空協定の仕組みは適用されなくなり，EU域外諸国にも同様のオープンスカイを広げるため，「包括的自由化協定」に向けた取り組みを継続している．2002年欧州司法裁判所は，「オープンスカイ協定判決」にて，EU各国と域外第三国との間の2国間航空協定はEU法に違反すると判断し，当該協定を改定もしくは廃棄すべきとしたが，各国がこれを受け入れなかったため，国籍条項に関してはEUの政策に合わせるための協定（「ホリゾンタル・アグリーメント」）を設けることにより，引き続き第三国との2国間航空協定を保持している．

EUと米国は，EU各国が個別に締結する2国間航空協定に代わり，EUが代表して一括締結する包括的自由化協定を目指して，2003年に基本合意を行い，2007年に現実のものとなった．またアジア太平洋諸国との間の包括的協定への交渉も進行中である．

2.3.4 各地域での航空自由化

アジア・太平洋地域においても，着実に航空の自由化が進行している．

オープンスカイ政策に抵抗感がなく，早期に米国とオープンスカイ協定を結んだシンガポールや韓国に続き，アジア諸国も米国と交渉を進めて自由化が促進された．

従来は否定的であった中国も，次第に自由化へと舵を切り，2004年に暫定協定を締結後，段階的に開放してきたが，完全な自由化協定に向けて，現在米国と本格的な交渉に入っている．これと並行して，アジア諸国とも交渉を継続しており，オープンスカイを広げつつある．

2001年には，APEC（アジア太平洋経済協力）諸国のうち，米国，チリ，ニュージーランド，シンガポール，ブルネイが，地域的自由航空協定を締結

した.

　ASEAN 諸国では，域外諸国との交渉に取り組む一方で，1995 年首脳会議でのオープンスカイ政策採択により，域内航空の自由化を段階的に進めている．最終的には 2015 年目処の域内経済市場統合・自由化に合わせる形でのオープンスカイ実現に向けて調整が続けられており，その推移が注目されている．

　オセアニアでは，オーストラリアとニュージーランドの間で，1961 年のバミューダ型協定締結以降，1980 年代には経済関係自由化の一環として，航空分野でも自由化交渉が行われ，1996 年に単一航空市場協定，2002 年には自由航空協定が調印され，実質的な統合航空市場が成立している（日本における航空自由化については，2.1.3，2.1.4 項を参照）．

2.3.5　アライアンスの背景と進展

　かつては，各航空会社が自国発着の路線を中心にネットワークを拡大し，大手航空会社（メジャー・キャリア）によっては，自社便で世界中を網羅する路線網を構築していたが，世界的な航空自由化による競争の激化，コスト意識や効率性を重視する経営ニーズの高まりなどにより，自前主義から他社との提携（アライアンス）を活用する戦略への転換が図られた．

　各国による外資規制や，混雑空港の発着枠の制約，多様化する旅行者ニーズといったことも，アライアンス締結への大きな要因となった．

　提携先キャリア（パートナー・キャリア）と，相互の運航便に自社便名（コード）を付け合うこと（コードシェア）により，自社の未就航路線でのネットワーク補完が可能になるとともに，両社就航路線では利用者の利便性が一層向上することで，自社のプレゼンスを高め，競合他社との競争力を強化することができる．パートナー相互のシステム，施設，サービス・スキームの共同使用等，経営資源の有効活用による費用削減の効果もある．また，共同の取り組みやスタッフ交流等を通じて，ノウハウの蓄積や人材育成も期待できる．

　一方，利用者としても，さまざまな旅程を組むうえで，充実した路線網・便数・運賃の種類・乗り継ぎ利便，空港ラウンジ，マイレージ・プログラム（FFP），その他の付帯サービス等を享受することができる．

以上のように，シームレスなサービス・旅行という観点を中心として，航空会社にも利用者にもメリットがあることから，1990年代以降オープンスカイの進展に伴い，航空会社間のアライアンスが急速に広がっていった．

2.3.6 グローバル・アライアンス

航空の規制緩和が進むに従って，続々と2社航空会社間でのアライアンスが実施されていったが，競争上ネットワークの拡張，より多くの顧客獲得を図る必要から，次第に地域をまたがる複数航空会社間でのアライアンスが考えられるようになった．まず検討されたのが，シンガポール航空，デルタ航空，スイス航空3社によるアライアンスであったが，結局は合意に至らなかった．

欧州域内では，スイス航空，オーストリア航空，サベナ・ベルギー航空等が，地域アライアンス「クオリフライ」を設立したが，2001年の同時多発テロ以降の航空不況に耐えられず，各パートナー・キャリアが相次いで倒れ，アライアンス自体も消滅した．

また，将来の生き残りに向けて，メジャー・キャリア間のアライアンスの必要性を認識した英国航空が，アメリカン航空とともにグローバル・アライアンス「ワンワールド」設立を目指して交渉に入ったが，英米両国間のオープンスカイ論争の影響を受けて円滑には進捗しなかった．英国が米国のオープンスカイ政策を受け入れていなかったことと，米国がその政策として，オープンスカイ協定締結を「独禁法の適用除外認定」（ATI：Anti-Trust Immunity）の条件にしていたためである．

他方，米国のユナイテッド航空がドイツのルフトハンザ航空との2国間提携を基盤として，「スターアライアンス」構想実現へ向け，エア・カナダ，スカンジナビア航空，タイ国際航空と交渉を進めた．「スターアライアンス」の場合は，各航空会社の所属国が米国とのオープンスカイ政策を受け入れていたため，ATIを取得することができ，「ワンワールド」に先んじて，1997年に5社で発足した．

「ワンワールド」の方は，その後1999年に，元々の2社に香港のキャセイパシフィック航空とオーストラリアのカンタス航空を加えてスタートした．2000年には，米国のデルタ航空とエールフランスが中心となって，韓国の大

表 2.1 3大グローバル・アライアンス

	スターアライアンス	ワンワールド	スカイチーム
概　要	➢1997年5月結成 ➢加盟会社数　27社 ➢従業員数　41.4万人	➢1998年9月結成 ➢加盟会社数　12社 ➢従業員数　29.3万人	➢2000年6月結成 ➢加盟会社数　15社 ➢従業員数　39.9万人
規　模	➢就航国　　　189ヵ国 ➢就航地　　1,290空港 ➢1日運航便　21,230便 ➢年間搭乗者　6.5億人 ➢航空機　　　4,386機	➢就航国　　　152ヵ国 ➢就航地　　　766空港 ➢1日運航便　9,361便 ➢年間搭乗者　3.5億人 ➢航空機　　　2,516機	➢就航国　　　173ヵ国 ➢就航地　　　926空港 ➢1日運航便　14,500便 ➢年間搭乗者　4.9億人 ➢航空機　　　2,431機
設立メンバー	エア・カナダ ユナイテッド航空 スカンジナビア航空 ルフトハンザドイツ航空 タイ航空	アメリカン航空 ブリティッシュ・エアウェイズ キャセイ・パシフィック航空 カンタス航空 カナディアン（エア・カナダが買収）	デルタ航空 アエロメヒコ航空 エールフランス航空 大韓航空

韓航空，メキシコのアエロメヒコとともに結成した「スカイチーム」が誕生した．

　このようにして，全世界をカバーするような大規模アライアンス（グローバル・アライアンス）が結成されていった（表2.1）．

　これらのグローバル・アライアンス各陣営は，世界中でより有利なネットワークを形成するため，アライアンスとしての空白地帯を埋めるべく，パートナー・キャリアの取り合い，陣取り合戦を演じている．いまや世界の主要な航空会社が，ほぼこれら3つのアライアンス陣営に加入・集約されたことにより，各航空会社間の競争と並んで，グローバル・アライアンス間の競争，勢力争いが激化している．

　例外的にアライアンスに参加していないのは，中東地域の航空会社や，独自の経営ポリシーを持つ航空会社，ビジネスモデルが異なるLCC（2.6.3項参照）等の航空会社である．

　日本の航空会社では，1999年に全日空が「スターアライアンス」に，2007年に日本航空が「ワンワールド」に加盟した．

　国際線への参入が1986年と，国際線後発の全日空は，国際線ビジネスの充

実・確立に向け「スターアライアンス」に活路を見いだし，自社便運航路線の増加と併せ，パートナー・キャリアとのコードシェアによるネットワーク拡張を図ってきた．

　一方の日本航空は，従来から本邦唯一の国際線キャリアとして，各国航空会社との個別提携を通じてグローバル・ネットワークを維持しており，アライアンスへの加盟が必ずしも喫緊ではなかったが，世界規模でのアライアンスの伸張を踏まえ，経営基盤強化・競争力強化のためには，グローバル・アライアンスへの参加も必要であると認識するに至り，「ワンワールド」への加入を決断した．

2.3.7　アライアンスの深化

　グローバル・アライアンスの成長，3大アライアンス・グループによる世界勢力地図の区分けが進展するのに応じて，アライアンス関係の中で提供可能なサービスの内容も拡充されてきた．

　基本的な2社間アライアンスにおいても，提供サービスのレベルアップは図られてきたが，オープンスカイ協定に付随して認められることとなった「独禁法の適用除外認定」(ATI) により，それまではパートナー・キャリアとも相談・実施できなかった事柄についても実行可能になった．すなわち，従来から行われていた乗り継ぎ・接続利便性向上のためのスケジュール調整，マイレージ・プログラムの共同相互運用，営業・宣伝・流通の共同実施等に加えて，路線・便数および運航分担調整，収入プール，運賃に関する情報交換，共同の運賃設定，座席コントロールの調整，販売コストの情報交換，共通の空港関係サービス，各種サービス基準の統一等，かつては独禁法（競争法）上当然許されなかった内容まで認められることになったのである．

　ATI を与えることで，航空会社間の競争がなくなるわけではなく，アライアンス間の競争も存在するため，それ自体が利用者に不利益をもたらすわけではなく，提供サービスをめぐる競争を通じて，利用者利便がより高まると考えられることが，ATI 承認の判断基盤となっている．

　こうしてアライアンスは，より高度な協力体制を築くことができるようになり，パートナー・キャリアの関係は，あたかもジョイント・ベンチャーが共同事業を行うような形態となり，その提携戦略がますます深化することと

なった.

　ここに至る具体的な経緯としては，1996年にまずユナイテッド航空とルフトハンザ航空が，ATIの適用を受け，より広範な提携内容の検討を開始し，2003年に「ATLANTIC PLUS」という名の共同事業を開始し，大西洋路線において，両社の事業リソースを最大限に活用する包括的提携を構築した．

　その後，同じ「スターアライアンス」の全日空とユナイテッド航空とコンチネンタル航空（現在は経営統合してユナイテッド航空），そして「ワンワールド」の日本航空とアメリカン航空が，それぞれ日米当局によるATI認可を受け，2011年4月から共同事業を開始している．これに続き，全日空とルフトハンザ航空も，日欧当局のATI認可を取得し，2012年4月から共同事業をスタートした．また日本航空と英国航空が，日欧間におけるATI申請を行っている．

　同様の動きは，「スカイチーム」を含めたその他の航空会社間でも見られ，アライアンス間の顧客獲得競争が過熱し続けている．

2.3.8　各地域での動向と新たな動き

　世界的な航空自由化による航空会社間の競争激化，厳しい会社経営環境を反映して，3大グローバル・アライアンスの拡大，主要航空会社による顧客囲い込み競争と軌を一にするように，各地域内での航空会社グループ化の動きが見られる．これに加えて，合併や経営統合に至らないまでも，航空会社による出資・相互出資の動きも盛んになってきている．

　米国では，1978年の規制撤廃以降，新規参入，撤退，経営破綻，再生，離合集散が繰り返されてきた．比較的最近の動向を見てみると，21世紀に入り，熾烈な競争や燃料費高騰のため，「スカイチーム」のノースウェスト航空とデルタ航空が経営不振に苦しみ，2005年に両社とも連邦破産法第11条適用を申請して，企業再建を目指した．しかし，再建期間後もさほど経営状況は好転しなかったため，両社のビジネス領域があまり重複しないこともあって合併話が進み，2008年にノースウェストがデルタに吸収される形で経営統合がなされ，新生デルタとして巨大な航空会社となった．

　そこで，同じ「スカイチーム」に加盟していたコンチネンタル航空が危機感を抱くこととなり，従来は協力関係にあったノースウェストや「スカイチー

ム」から離れ，ユナイテッド航空と提携後，2010年に経営統合を果たし，新生デルタを上回る世界最大級の新生ユナイテッドが誕生した．

米国の上位エアライン同士の統合が続く一方で，競争上経営規模で遅れをとり，経営の合理化が遅れたアメリカン航空は，2011年に経営破綻し，初めて連邦破産法第11条の適用を受けるに至り，現在再生途上である．

また「スターアライアンス」でユナイテッドのパートナーであるUSエアウェイズは，上位エアラインとの差が大きく開いてしまったため，新たに統合相手を探すこととなり，アメリカンがその候補であると言われている．

このようにして，米国の主要大手エアラインは，「スターアライアンス」のユナイテッドおよび今後が注目されるUSエアウェイズ，「スカイチーム」のデルタ，「ワンワールド」のアメリカンに集約された．

欧州では，まず英国航空が地域間グローバル・アライアンスや，欧州内での合併・グループ作りに動いた．1988年，英国内でブリティッシュ・カレドニアン航空を合併して足元を固めた後，米国の大手エアラインに買収攻勢をかけたが，米国政府に拒否され成就しなかった．次に，KLMオランダ航空に狙いを定めて交渉に入ったが，結局成立することはなかった．引き続き，英国航空は精力的に欧州内でのエアライン設立や，航空資本参加等を実施した後，米国大手のアメリカンとのアライアンスを仕掛けた．しかしながら，このアライアンスが大規模で，ロンドンのヒースロー空港や大西洋路線での権益シェアが余りに大きかったため，米国政府やEU政府からの承認が得られず，最終的に米国とEUの間のオープンスカイ協定が発効する2010年まで待たされることとなった．

この間，並行してスペインのイベリア航空と交渉を続け，2011年に経営統合を行った．

KLMオランダ航空は，英国航空との合併話が纏まらなかった後に，米国のノースウェスト航空からの提携提案を受けて，交渉の結果「ウィングス・アライアンス」を立ち上げた．イタリアのアリタリアも引き込もうとしたが，結実することはなかった．ノースウエストとのアライアンスからも，さしてメリットを得ることがなかったため，「ウィングス・アライアンス」を解消し，今度はエールフランスとの統合を目指した．

そして2004年，エールフランスとKLMオランダ航空が経営統合し，両社

が存続したままの形態で，当時世界最大クラスのエアライン・グループが出来上がった．

ルフトハンザ・ドイツ航空も積極的に動き，2007年以降，スイス航空，サベナ・ベルギー航空，ブリティッシュ・ミッドランド航空，オーストリア航空を次々にグループ化していき，スカンジナビア航空にもアプローチしている．このうち，ブリティッシュ・ミッドランドについては売却をする予定で，英国航空が買収に手を上げている．

以上のような，大手エアラインを中心とした一連の統合により，欧州においても，エールフランス・KLMオランダ航空，英国航空・イベリア航空，ルフトハンザ航空という3つの大きなグループにまとまり，今後も各国の航空会社がそれらの傘下に加わることが予想される．各グループがそれぞれ順に「スカイチーム」，「ワンワールド」，「スターアライアンス」に属しており，欧州においても，グローバル・アライアンスの棲み分け・競争が続いている．

アジア地域での目立った動きとしては，中国で従来航空輸送を一手に担っていた国営の中国民航が，1988年分割解体・民営化されて，中国国際航空，中国東方航空，中国南方航空が誕生した．これは1979年の開放政策に伴う規制緩和に沿ったものであり，その後中国各地に新たな航空会社が多数登場してきたが，あまりの急激な航空会社の増加，競争過熱による混乱も生じるに至り，2002年民航総局主導による集約化が実施され，全国の航空会社が，上記の3大エアラインの下にグループ化され，グループ内での資本提携を通じて3大グループが形作られた．中国国際航空が「スターアライアンス」，中国東方航空と中国南方航空が「スカイチーム」に加盟している．

これらの3大エアライン・グループに続くのが，海南航空（グループ）で，第4の勢力として，そのネットワークを拡大しつつある．

このような，フルサービス・キャリア（従来型の大手キャリア，ネットワーク・キャリアとも言う）の動向に対して，これとは大きく異なるビジネス・モデルの航空会社が台頭してきた．いわゆるローコスト・キャリア（LCC）である．

世界各地での航空自由化を背景に，非常に効率的な運航形態・スタッフ活用・基本的なサービス提供・付加サービスの有料化等を通じて，きわめて低コストなオペレーション，圧倒的な低運賃を実現するというビジネスモデル

により，利用者の多様化するニーズと，高まるコスト意識に応える形で成長してきた．

欧米からスタートし，激しい競争の中で多くの失敗例も見ながら，その路線網を拡大し，一部既存キャリアの顧客を奪うと同時に，新たな航空需要を生み出してきた．

すでに，欧米では一定のシェアを獲得しており，アジアでも急速にその勢いを増している．

日本でも日本キャリア関係のLCCが設立され，2012年から運航を開始している．LCC各社の路線・サービス展開，利用者の反応，フルサービス・キャリアとの競争・勢力争いが注目されている（LCCについては，2.6.3，2.6.4項を参照）．

2.4 安全の確保

航空機製造産業や航空運送事業（他人の需要に応じ，航空機を使用して有償で旅客または貨物を運送する事業）などにおいて，航空機の航行の安全や航空機による旅客・貨物の輸送の安全の確保は最優先事項であり，これらの安全を確保し，更に向上させるため，国際的にも，また，わが国においてもさまざまな取り組みが行われている．

航空機を運航する者は安全を確保するための制度やルールを遵守することが求められており，その状況を国が監督している．また，運航者などが安全を確保するための基準などに適合していることを国が認証する制度があり，この制度により，利用者など第三者は運航者などの安全性を客観的に確認できるため，安心して利用できることから，航空の発展が促進されている．

2.4.1 航空事故の発生状況

全世界における航空死亡事故件数は，航空輸送需要が増大するなか，長期的に見て減少傾向にあったが，近年は下げ止まり傾向にあり，毎年10件程度で推移している．

一方，わが国における航空事故の発生件数は，全体として減少傾向にあり（図2.5），このうち，特定本邦航空運送事業者（客席数が100または最大離陸

わが国の民間航空事故の件数

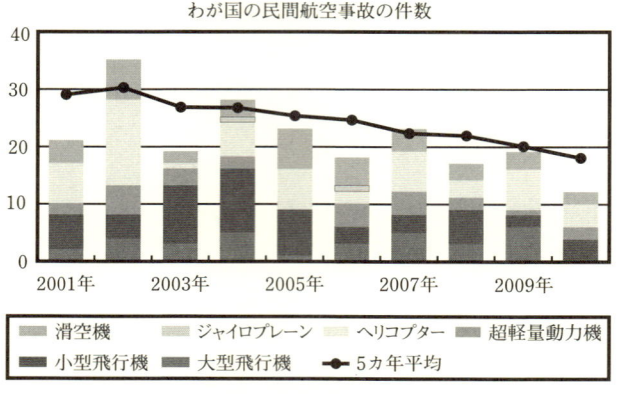

図 2.5 わが国の民間航空事故の発生状況

重量が5万 kg を超える航空機を使用する航空運送事業者）の乗客死亡事故は，1985 年の日本航空 123 便の御巣鷹山墜落事故以降発生していない．

2.4.2 安全確保に関する国際的な取り組み
(a) 国際民間航空条約および国際民間航空機関の概要

国際航空の安全は，国際民間航空条約（シカゴ条約）に基づき，国際的に標準化された技術的な基準により確保されている．多国間を飛行する国際航空において，各国が独自の国内規則に基づき自国内に乗り入れたり，通過する航空機の運航の安全を個々に規制することは，当該国や運航者の大きな負担となり，国際航空の発展を妨げることから，国際的に標準化された安全基準を策定し，各国が統一的な運用を行うとともに，運航される航空機の安全性については航空機の登録国が第一義的な責任を有することにより，円滑で安全な国際航空輸送を実現しようとする取り組みである．

シカゴ条約は，国際民間航空の安全かつ整然とした発展および国際航空運送業務の健全かつ経済的な運営等を目的として，1947 年に発効しており，国際民間航空に関する一定の原則や基本的ルールを定めるものである（条約前文）．条約では，各国の領空上を飛行する場合の権利，義務について規定されているほか（条約第 1 条ほか），航空の安全に関し，航空機が備えるべき要件，耐空証明や航空従事者の免状，登録国の責務などが規定されている（条約第

5章).また,航空従事者の免許,航空機の耐空性,航空規則および航空交通管制方式などの規則,標準や手続きの技術的な詳細についても,国際的な統一を図るため,「国際標準ならびに勧告される方式および手続き」を条約の附属書として規定している(条約第37条).

さらに条約では,国際民間航空機関(ICAO: International Civil Aviation Organization)を組織することを規定している(条約第43条).同機関は,国連の専門機関の1つであり,1947年4月に設立された.本部はカナダのモントリオールに設置され,2012年3月1日現在,わが国を含む191ヵ国が加盟している.国際民間航空機関には,すべての締約国によって構成される総会,総会が3年ごとに選出する36締約国によって構成される理事会がある.わが国は1956年から継続的に理事国に選出されている.また,航空の安全に関する技術要件を定めた条約の附属書は,19名の専門家で構成される航空委員会の審議を経て,理事会で採択される(条約第54条,第57条).わが国は1956年から一部の期間を除き同委員会に航空専門家を推薦し派遣している.

(b) 国際民間航空条約附属書

国際民間航空における「国際標準ならびに勧告される方式および手続き(SARPs: Standard and Recommended Practices)」が定められているシカゴ条約附属書は,表2.2のとおり,これまでに18の附属書が採択され,現在,第19附属書の策定が検討されている.

国際標準等は,理事会によってシカゴ条約の附属書として採択または改正された後,締約国に通告される(条約第54条).シカゴ条約附属書は,効力を発生させるため各締約国が批准する必要はなく,理事会による採択後,各締約国に送付され,一定期間経過後に締約国の過半数が不承認を届け出ない限り効力を有することとなる(条約第90条).技術革新がめざましい航空分野において,国際標準の導入を容易にするために取られている措置である.一方,締約国は,当該国際標準によることができない場合に,自国の方式と国際標準によって設定された方式との相違を直ちに国際民間航空機関に通報することにより,当該標準によらない措置をとることができるようになっている(条約第38条).

表 2.2　国際民間航空条約附属書

Annex 1　Personnel Licensing 第 1 附属書　航空従事者技能証明
Annex 2　Rules of the Air 第 2 附属書　航空規則
Annex 3　Meteorological Service for International Air Navigation 第 3 附属書　気象
Annex 4　Aeronautical Charts 第 4 附属書　航空図
Annex 5　Units of Measurement to be Used in Air and Ground Operations 第 5 附属書　空域通信に使用される計測単位
Annex 6　Operation of Aircraft 第 6 附属書　航空機の運航
Annex 7　Aircraft Nationality and Registration Marks 第 7 附属書　航空機の国籍及び登録記号
Annex 8　Airworthiness of Aircraft 第 8 附属書　航空機の耐空性
Annex 9　Facilitation 第 9 附属書　出入国の簡易化
Annex 10　Aeronautical Telecommunications 第 10 附属書　航空通信
Annex 11　Air Traffic Services 第 11 附属書　航空交通業務
Annex 12　Search and Rescue 第 12 附属書　捜索救難業務
Annex 13　Aircraft Accident and Incident Investigation 第 13 附属書　航空機事故及びインシデント調査
Annex 14　Aerodromes 第 14 附属書　飛行場
Annex 15　Aeronautical Information Services 第 15 附属書　航空情報業務
Annex 16　Environmental Protection 第 16 附属書　環境保護
Annex 17　Security 第 17 附属書　保安
Annex 18　The Safe Transport of Dangerous Goods by Air 第 18 附属書　危険物の航空安全輸送
Annex 19　Safety Management System 第 19 附属書　安全管理体制（検討中）

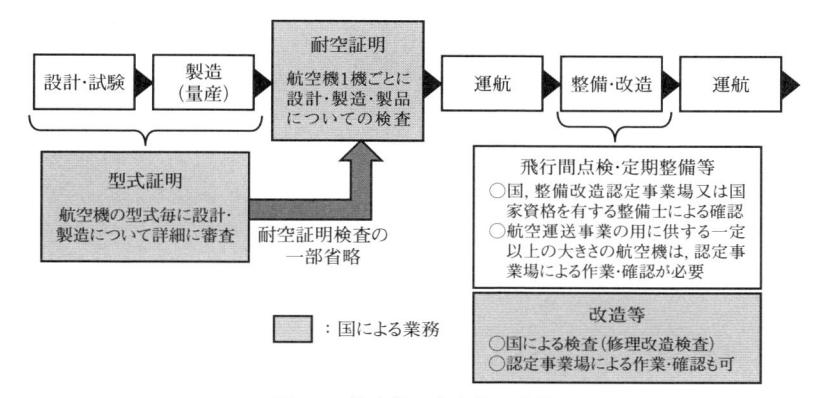

図 2.6 航空機の安全性の確保

2.4.3 わが国における航空機運航の安全確保に係わる仕組み

航空法は，目的として，「国際民間航空条約の規定並びに同条約の附属書として採択された標準，方式及び手続に準拠して，航空機の航行の安全及び航行に起因する障害の防止を図るための方式を定め，(中略) 輸送の安全を確保するとともに (後略)」とあり (航空法第1条)，わが国における航空の安全は基本的にシカゴ条約附属書に準拠し，航空法により確保されている．

(a) 航空機の耐空性

航空機の安全性の確保のため，わが国ではシカゴ条約第8附属書に準拠し，以下のような取り組みが実施されている (図 2.6)．

(1) 耐空証明

シカゴ条約では，国際航空に従事するすべての航空機は，登録を受けた国が発給し，または有効と認めた耐空証明書を備え付けることが義務付けられている．

耐空証明は，航空の用に供する航空機の安全性を国が証明する制度であり，国は，個々の航空機がその安全性を確保するための強度，構造，性能，騒音および発動機の排出物に関する基準 (耐空性基準) に適合するかどうかを，設計，製造過程および現状について検査し，これらの基準に適合する場合には，当該航空機に対し1機ごとに耐空証明を行う (航空法第10条第1項)．有効な耐空証明を有することにより，当該航空機を航空の用に供することが可能となる (航空法第11条第1項)．

(2) 型式証明

　耐空証明を行うに当たり，航空機の設計・製造過程は，同一型式の航空機であれば，基本的には1機ごとに異なるものではないことから，耐空証明に係わる検査のうち，その一部を省略するため，あらかじめ航空機の型式の設計について，耐空性基準に適合することを国が証明する制度が型式証明である．国は，航空機の開発に合わせて，設計の図面審査や試作航空機を用いた地上試験，飛行試験および騒音測定試験などにより，設計の基準適合性を検査したうえで，適合する場合には，当該型式について型式証明を行う（航空法第 12 条第 1 項および第 2 項）．

　なお，シカゴ条約第 8 附属書では，航空機の設計国がその航空機の型式の設計について責任を負うこととなっている．現在，わが国において開発が進められている三菱式 MRJ-200 型機についても，国土交通省において型式証明の審査が進められている．

　また，耐空証明における航空機の現状の検査については，製造事業場における当該機の製造および完成後の検査の能力が国の定める基準に適合した場合に，当該事業場を国が認定したうえで，当該事業場（製造検査認定事業場）で製造され検査に合格した航空機については，一部の検査を省略できる制度がある（航空法第 10 条第 6 項）．

(3) 航空機の整備または改造

　航空機を継続的に航空の用に供し続けるためには，耐空証明取得後も，当該航空機が耐空性基準に適合している状態を維持していなければならない．このため，航空機には，適時・適切な整備または改造作業を実施するとともに，当該作業を実施した場合には，当該航空機が耐空性基準に適合していることを確認する必要がある．

　このような耐空性基準への適合性の確認は，実施した作業の内容および航空機に応じて，国，国が認定した事業場（整備改造認定事業場）または国家資格を有する整備士によって行うことができる（航空法第 16 条，第 19 条，第 19 条の 2）．このうち，航空運送事業の用に供する一定以上の大きさの航空機についての整備作業は，整備改造認定事業場において実施することが義務付けられている（航空法第 19 条第 1 項）．

　また，発動機，プロペラ，回転翼，計器等，整備の際に交換することがあ

る装備品のうち，航空機の安全性の確保のために重要な装備品については，予備品についてあらかじめ耐空性基準への適合性に関し，国の証明を受けることができる．これを予備品証明という（航空法第 17 条）．予備品証明を受けることにより，これらの装備品を交換した場合の耐空性基準への適合性の検査の一部を省略することが可能となる．

(b) 航空従事者技能証明等

航空従事者の要件を担保するための免状等について，わが国においては，シカゴ条約第 1 附属書に準拠し，以下のとおり技能証明が実施されている．

技能証明は，航空業務（航空機に乗り組んで行う航空機の運航や，整備をした航空機の耐空性基準への適合性の確認）に従事しようとする者に対して，国が同業務に従事するのに必要な知識および技能を有するかどうかを判定するため，試験を実施し，その者の能力について証明を行う制度であり，技能証明を有する者でなければ航空業務に従事することができない（航空法第 22 条，第 28 条第 1 項，第 29 条第 1 項）．

技能証明は，航空従事者が行う業務の範囲に応じて，定期運送用操縦士，事業用操縦士，自家用操縦士，准定期運送用操縦士，一等航空士，二等航空士，航空機関士，航空通信士，一等航空整備士，二等航空整備士，一等航空運航整備士，二等航空運航整備士および航空工場整備士の資格別に行われる（航空法第 24 条）．たとえば，定期運送用操縦士は，機長として航空運送事業の用に供する一定以上の大きさの航空機の操縦を行うことができ，一等航空整備士は，整備に高度の知識および能力を有する航空機の整備をした場合の耐空性基準への適合性の確認を行うことができる（航空法第 28 条別表）．

航空従事者の業務は，航空機の種類，等級，型式等に応じた専門性を要するため，航空従事者の技能証明についても，これらに応じた限定を行うこととなっている．技能証明の限定が行われた場合には，航空従事者は，当該限定に係わる事項についてのみ，業務を行うことができる（航空法第 25 条）．

また，航空機に乗り組んで航空機の運航に関する業務に従事する航空従事者は，業務を行ううえで必要な心身の状態を保持している必要がある．このような状態を保持しているかどうかを国が定期的に検査し，証明を行う制度が航空身体検査証明であり，国は，当該航空従事者が，保有する技能証明の資格に応じた身体検査基準に適合する場合に航空身体検査証明を行う．当該

証明を有する者でなければ航空機の運航に関する業務に従事することができない（航空法第 31 条）．

さらに，定期運送用操縦士，事業用操縦士，自家用操縦士，准定期運送用操縦士の技能証明を有する者は，外国の航空管制官との交信等を伴う運航を行う場合には，必要な航空英語に関する知識および能力を有することについて，国の証明（航空英語能力証明）を受けなければならない（航空法第 33 条第 1 項）．

(c) 航空機の運航

航空機は，運航のためにさまざまなルールや手順に従うことにより，運航の安全を確保している．わが国においては，シカゴ条約第 2 附属書および第 6 附属書に基づき，たとえば次のようなルールが定められている．

- 航空機に必要な装置を装備し，飛行に必要な量の燃料を搭載すること（航空法第 60 条から第 63 条）．
- 当該航空機を操縦することができる必要な人数の航空従事者を乗り組ませること（航空法第 65 条）．
- 視界上不良な気象状態においては，当該空港からの離陸およびその後の上昇飛行，同空港への着陸およびそのための下降飛行を，国が定める経路または国（航空管制官）の指示する経路により飛行すること（航空法第 94 条）．
- 航空交通の安全のため国が定める一定の空港およびその周辺の空域を飛行する場合には，国（航空管制官）の指示に従って飛行すること（航空法第 96 条第 1 項）．
- 管制機関に対して事前にその飛行計画を通報すること（航空法第 97 条第 1 項，第 2 項）．
- 航空機の飛行に関し危険を生じる恐れのある区域における飛行を行わないこと（航空法第 80 条）．
- 地上の物件の安全や航空機の安全を考慮して国が定めた安全に飛行することができる最低の高度以下での飛行を行わないこと（航空法第 81 条）．
- 空港等以外の場所での離着陸，航空機からの物件の投下，落下傘降下および曲技飛行を行わないこと（航空法第 89 条）．

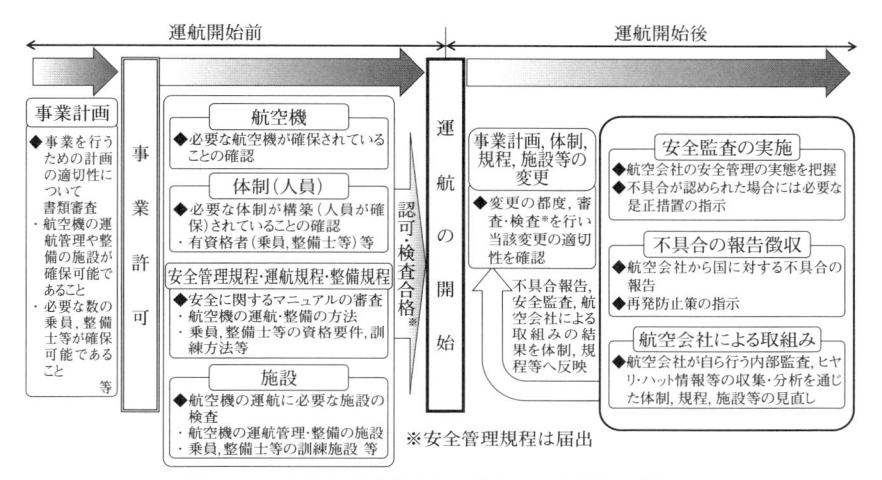

図 2.7 本邦航空運送事業者に対する安全確保の仕組み

(d) 航空運送事業者等に対する安全確保の仕組み（図 2.7）

航空運送事業は，航空機を使用して旅客，貨物を運送する事業であり，自家用機などに比較し，事業者として更に高い安全性を確保することが求められる．航空運送事業を経営しようとする場合には，航空機によって輸送する旅客および貨物の安全性を確保し，事業を適切に遂行する観点から，操縦士，整備士をはじめとする必要な人材を確保し，適切な組織・体制を構築し，必要なマニュアル類を整備し，航空機の運航・整備に必要な施設を確保することなどが必要である．わが国においては，シカゴ条約第 6 附属書等に基づき，航空運送事業を経営する者に対し，以下のような取り組みを実施している．

(1) 航空運送事業の要件

国は，航空運送事業を経営しようとする者に対し，あらかじめ事業計画を提出させ，その内容が事業の遂行のために適切なものである場合に，航空運送事業の許可を与えている（航空法第 100 条，第 101 条）．事業計画には，事業活動を行う主たる地域，使用航空機の型式，航空機の運航管理の施設および整備の施設の概要等を記載することが求められている．

次に国は，航空運送事業の許可を受けた者（本邦航空運送事業者）に対し，航空機の運航管理の実施方法，航空機乗組員の職務，航空機の操作および点検の方法など航空機の運航に関する事項について定めた運航規程や，航空機

の整備に従事する者の職務，機体および装備品の整備の実施方法，整備の記録の作成および保管の方法など航空機の整備に関する事項について定めた整備規程を審査し，適切な場合には認可する（航空法第104条）．また，本邦航空運送事業者は，常に事業の安全を確保し続けるための安全管理の方針，実施体制等に関する事項を定めた安全管理規程と，選任された安全統括管理者を届け出る（航空法第103条の2第1項，第2項，第4項，第5項）．さらに国は事業者の実際の運航管理や整備の施設等を検査し，これに合格した場合，事業者は運航を開始することができる（航空法第102条）．

この過程を通じ，国は運航開始前に事業者が事業計画どおり，安全に航空機を運航できる能力を有していることを確認するが，運航開始後も，国は安全監査（航空法第134条）や本邦航空運送事業者から報告された安全情報等（航空法第111条の4）を通じて，事業者の安全運航体制等を継続的に把握し，不具合の再発防止など必要な指導を行っている．

(2) 航空運送事業者の運航に関する要件

航空運送事業の用に供する航空機については，航行の安全を確保するために必要な航法，通信装置などを一般の航空機に追加して装備すること（航空法第60条，航空法施行規則第145条ほか），機長は必要な知識および能力を有することについて国の認定を受ける必要があること（航空法第72条第1項），航空機乗組員（航空機に乗り組んで航空業務を行う者）は乗務前に一定の飛行経験を有している必要があること（航空法第69条），当該航空機を出発させるためには，機長の判断だけでなく，運航管理者の承認を受ける必要があること（航空法第77条）など，一般の航空機と比較して安全確保のための要件が厳しくなっている．

2.5 航空機の整備と信頼性管理[5),6)]

航空機を運航するにあたり，その安全性を確保することが最優先であるこ

---

5) 全日空広報室，エアラインハンドブック Q&A 100――航空界の基礎知識，ぎょうせい，1995．
6) 米谷豪恭，松原英明，奥貫孝，内海正範，岡田昇：最新の航空機整備プログラム開発手法について――MSG-3の最新状況概説，航空技術，日本航空技術協会，No. 609–610, 2010．

とは言うまでもないが，併せて定時性の確保，および快適性の維持，そしてそれらを効率的に達成することが必要である．これらを達成するためには，的確なプログラムに基づく整備，および航空機の信頼性を管理する体制の構築が必須である．また航空機自体には，これらを遂行しやすい（航空会社（エアライン）の運航環境や現場での作業等が十分に考慮された）設計であることが求められる．

2.5.1 整備の概要

航空機の整備の目的は，航空機の耐空性を継続的に確保することである．整備作業は，航空機材の品質を定期的に確認かつ維持するための作業，航空機材の故障を適正に修正して品質の回復を図るための作業，および航空機材の品質を従来よりも向上させるための作業とこれに伴う部品等の製作作業，および航空機材の移動・固定・保存等のための諸作業が含まれる．

図 2.8 に実施機会による整備作業の分類を示す．

（a）通常作業（Regular Work）

通常作業は，定例作業と非定例作業に区分される．

（1）定例作業（Routine Work）

後述する「整備要目」に従って定例的に行う作業であり，点検・検査・試験・部品交換・サービシング（給油等）などの作業が含まれる．

（2）非定例作業（Non-Routine Work）

①飛行中に発生した不具合，または点検などにより発見した不具合を修正する場合に行う作業．不具合原因の探求，不良部品の交換・修理・調整・試験などが含まれる．

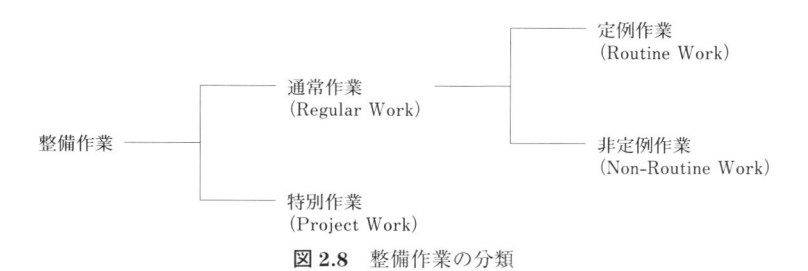

```
                                         ┌─ 定例作業
                         ┌─ 通常作業 ─────┤   (Routine Work)
                         │  (Regular Work) │
  整備作業 ───────────────┤                 └─ 非定例作業
                         │                    (Non-Routine Work)
                         └─ 特別作業
                            (Project Work)
```

図 2.8　整備作業の分類

②必要により，または特定の条件下におかれた場合に行う作業．保存整備，訓練機の整備，中古機導入時の整備，および寒冷時の処置，長期停留時の処置，および異常着陸，擾乱飛行，雷撃などに遭遇したときの処置作業が含まれる．

(b) 特別作業（Project Work）

特別の目的を持って行う作業．エアライン技術部門の指示による改修，計画的大修理，ワンタイムインスペクション（緊急な目的で1回限り行う検査），およびその他通常作業以外のものが含まれる．

2.5.2 整備要目

航空機の耐空性を継続的に確保するために必要な整備作業の項目・実施時期（間隔）・条件・方法・深度などを定めたものを「整備要目」という．たとえば各空港のスポットで実施している運航整備や格納庫で実施している定時整備は漠然と実施しているのではなく，この整備要目に基づいて作成された作業カードに従って実施しているものである．

(a) 整備要目の構成

整備要目は，大別して以下の4つの整備プログラムから構成される．

(1) 機体構造整備プログラム（Aircraft Structural Maintenance Program）

構造部材の劣化のプロセスに応じて，定例の整備方式を設定する．機体構造の整備は定期的な外部構造検査および内部構造検査が主体となって行われ，検査の要目は検査の対象となる各構造部位ごとに定められる．

(2) 機体システムと発動機整備プログラム（Aircraft System/Powerplant Maintenance Program）

①機体システムの整備プログラム

各システムの不具合の影響度に応じて整備方式を設定する．装備品の整備は，装備品を航空機に装着したままの状態で行う「機体整備」と，航空機から取り卸して工場に搬入して行う「ショップ整備」とからなる．機体整備は，状態点検・作動／機能試験・部品の交換等が主体となる．また，ショップ整備は，装備品単体で行う整備であり，外観点検・機能試験・分解検査・構成部品の修理交換等が主体となる．ショップ整備では整備要目に従って次のいずれかの作業を実施する．

●スペシファイド・オーバーホール（Specified Overhaul）

状態および機能の如何にかかわらず，すべての指定項目を行わなければならない装備品のオーバーホール作業．

●リミテッド・オーバーホール（Limited Overhaul）

スペシファイド・オーバーホールの指定項目の一部のみを行う装備品のオーバーホール作業．

●コンディション・オーバーホール（Condition Overhaul）

原則として，分解を行わず外観検査および機能試験によって良否を判定し，必要があれば処置を行う装備品の整備作業．

②発動機（エンジン）の整備プログラム

エンジンの整備には，航空機に装着したまま機体の諸系統の一部として，状態点検・機能試験などを行う「機体整備」と，航空機から取り卸して工場に搬入して分解し，構成部品の状態点検・機能試験・部品の修理交換などを行う「ショップ整備」とがある．エンジンの整備方式の主なものは次の通り．

●オン・コンディション方式

これは航空機に装着したままの状態で，一定の間隔で検査を繰り返し実施していくことにより，エンジンの主要構成部品の状態を監視し品質を確認しながら使用していく方式であり，これにエンジンを一定の時間限界で航空機から取り卸し，工場に搬入して特定のモジュールに対してライフ・リミテッド・パーツの交換，サンプリング検査を組み合わせて行う．設計・製造の段階からモジュール構造を採用し，高い整備性と信頼性が与えられている大型エンジンにこの方式を採用する．

●エンジン・ヘビー・メンテナンス

一定の整備時間限界を定めてエンジンを定期的に機体から取り卸して工場に搬入し，エンジンのセクションまたは部品ごとに定められた時間間隔および整備要目に従って分解整備するもの．

(3) 機体ゾーン点検プログラム（Zonal Inspection Program）

機体を各ゾーン（床，隔壁や他の外板により分けられた区域）に区分して実施する一般目視点検からなる．上述の機体構造整備プログラムと機体システムと発動機整備プログラムの分析の中で，一般目視点検を実施することが適切であると判断されたものは，これに統合される．

(4) 被雷および強電磁界整備プログラム（Lightning/High Intensity Radiated Field Maintenance Program）

重要な装備品の，雷や電磁波に対する防御機能の健全性を確認するためのものである．電子制御化が進み，雷や電磁波に対する防御機能が十分であることを示すことが設計要件である機体に対して設定される．

2.5.3　整備プログラムの開発
(a) 整備の技法

航空機の信頼性の向上に伴い，整備プログラムを設定するための基本となる整備の技法も目覚しく進歩しているが，基本的にはハード・タイム，オン・コンディション，コンディション・モニタリングの3つである．航空機の機体構造，諸系統および装備品などに対して，それぞれの設計条件，使用条件，故障時の運航への影響，不具合の発生がモニターできるか否か，その他諸条件を分析検討して，効果的な整備を行うため，この3つの技法のいずれかを適用して整備プログラムを定めている．

(1) ハード・タイム（Hard Time）

整備実施時期の時間限界を定めて定期的に機体から取り卸し，分解整備または廃棄する技法で，主に装備品などの整備に適用する．

(2) オン・コンディション（On Condition）

定期的に点検，検査または試験などを繰り返し行い，不具合があった場合には必要な処置をとって品質を維持する技法で，主に機体構造，諸系統および装備品などの整備に適用する．

(3) コンディション・モニタリング（Condition Monitoring）

定期的な点検，検査または試験などを行わずに，航空機の状態をモニターし，発生する不具合に関するデータを収集し，これを分析検討して適切な処置をとって品質を維持していく技法で，主に諸系統および装備品などの整備に適用する．

(b) 整備プログラム開発手法

1960年代に，ATA（Air Transport Association of America）を中心に，米連邦航空局 FAA（Federal Aviation Administration）および産業界で構成される検討部会 MSG（Maintenance Steering Group）により，当時開発中の B747 の整備プ

ログラムを論理的に立案する意思決定ロジックとして MSG-1 が制定された．その後，機体の技術の進歩，設計基準の強化に対応しこのロジックも進化を続け，現在では MSG-3 となり，新機種に対する初期の整備プログラムを効率的かつ効果的に設定するための手法の世界標準として受け入れられている．この MSG-3 の改訂 6 版が B787 の整備プログラム作成の指針となっている．これらのロジックを基に，具体的にどのように対象を分析し整備プログラムを開発するのかについては，日本航空技術協会発行の航空技術 609 号および 610 号に掲載された「最新の航空機整備プログラム開発手法について」を参照してほしい．

(c) **MRB** レポート (**Maintenance Review Board Report**)

MRB レポートは航空機の耐空性を維持するための整備プログラムを編纂した報告書であり，その素案は航空機・発動機および装備品のメーカー，航空機製造国当局，主要なエアライン等により構成される航空業界運営委員会 ISC (Industry Steering Committee) が先述の MSG ドキュメントを基に機種ごとに検討・作成し，航空機製造国当局 (ボーイング機は米国 FAA，エアバス機は欧州 EASA) の承認を経て発行されるものである．また，一般的に航空機メーカーは，この MRB レポートに実施要領を定めた整備マニュアルとのリンクや，必要な作業工数などの情報を付加したものを MPD (Maintenance Planning Document) としてエアラインに提供している．

(d) 整備要目の設定・改定

エアラインが実際に使用する整備要目は，機体および装備品等のメーカーの作成する整備に関する技術的資料に準拠し，さらに他機種を含む自社および他社における運航・整備上の経験等を勘案して設定し，当局の承認を受けたものである．その具体的資料は以下の通り．

- 航空機製造国の当局が発行する MRB レポート
- 航空法，航空法施行規則，耐空性改善通報，その他関連法規の法的要件および航空局が発行するサーキュラー・通達等
- 航空機のメーカーが作成する耐空性を維持するための指示書 ICA (Instruction for Continued Airworthiness)
- 航空機メーカーが発行する MPD
- 発動機メーカーが発行するエンジン整備マニュアル等

- 装備品メーカーが発行する装備品整備マニュアル等
- 航空機等のメーカーが発行するSB（Service Bulletin），SL（Service Letter）等

また，主要なエアラインでは，航空機の品質および運用条件の変化に応じた適正な整備要目の改善（作業項目の追加または削除，および実施間隔の延長，短縮など）に常時努めるとともに，これらの基となるデータを，機体メーカーあるいはISCへフィードバックすることで産業界に貢献している．

2.5.4 信頼性管理
(a) 航空機の信頼性管理

航空機の信頼性を効果的に，かつ最も高く維持し，その可動性を高めるための信頼性管理は，以下に述べる一連の活動により実施される．

まず，航空機の信頼性に関する情報を正しく把握するためのデータを収集および記録（Data Collection and Recording）して，これらの情報に基づき信頼性の水準の監視（Monitoring）を行う．この監視の結果明らかとなった問題点について，適切な分析を行って原因を明確にし，この原因を除去するために効果的な是正処置・対策（Action：整備要目・作業基準などの改善，航空機の改修，仕様の変更など）を実施し，信頼性の維持向上を効果的に行うのであ

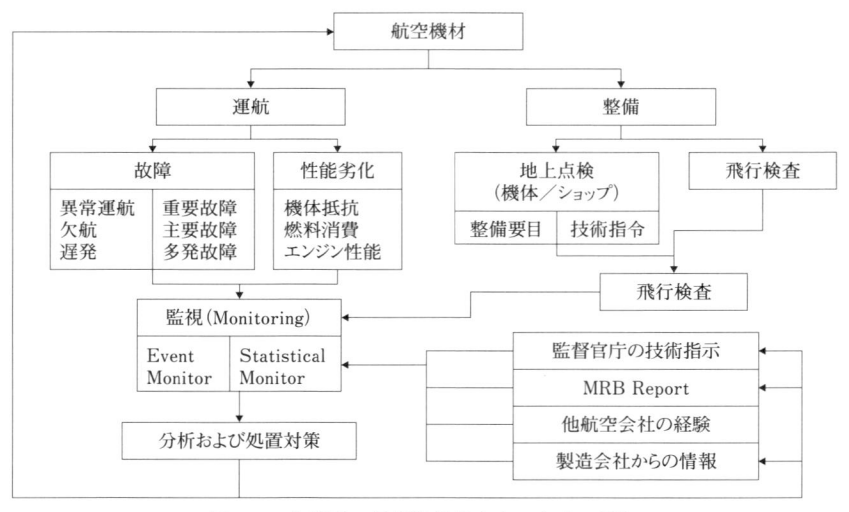

図 2.9 航空機の信頼性維持向上のための流れ

る．図 2.9 はその概略を示したものである．

　上記を実行するための具体的方法が信頼性管理方式であり，たとえば ANA（All Nippon Airways：全日本空輸）では，PMS（Performance Monitored Maintenance System）としてその体系を規程化し運用している．

(b) 航空機の信頼性・品質を向上させる取り組み例

　一例として，ANA の目指すプロアクティブ・エンジニアリング（Proactive Engineering）を紹介する．「プロアクティブ」とは一般的に「何かが起こる前に事前に予測し，それが発生しないような前向きな行動を取ること」というような意味合いで使われているが，ANA ではプロアクティブ・エンジニアリングを，「ANA グループ整備部門，航空機および装備品メーカー，他エアライン等からの情報を早期に幅広く収集し，それを検討・分析して問題解決に向けた技術対策，整備プログラムの策定，規程・基準への反映を的確に行い，これにより不具合の発生を抑制し，航空機材の信頼性・品質の向上を図る行動」と位置付けている．

(1) 不具合を未然に防止するエンジニアリング

　整備現場からの情報，サンプリング等により不具合の兆候や劣化傾向を把握し，将来発生するであろう不具合を未然に防止する．また，過去の経験データを統計的に分析し，不具合予測を行う．これらを基に独自の技術対策を実施したり，メーカーに働きかけて改善策を提示させる．また，不具合管理が不可能なものについては設計自体を変更させ，不具合の防止を図る．

(2) メーカー等からの情報に基づき，不具合を発生させないエンジニアリング

　メーカーが提示する改善策を迅速に適用することはもとより，その他の多様な情報の積極的な入手・検討，メーカーとエアラインの情報交換の場への積極的な参画を通じ，問題解決の推進を図る．

(3) 同じ不具合を二度と発生させないエンジニアリング

　不具合がまったく発生しない設計は現実的に不可能であり，日々の運航で予期せぬ不具合が発生することは避けようがない．しかしながら，一度発生した不具合については的確な原因究明を行い，フリートの健全性確認のための点検や暫定処置，改修等の対応を速やかに実施する．

　エアラインの整備現場では，日々の運航を通じて「生きた情報」，たとえば「不具合の兆候」などに接している．これら情報は「持っている」「知ってい

る」だけでは何ら有効なものを生み出してくれない．価値ある生きた情報をタイムリーに現場から発信してもらい，それを技術部門スタッフが整理・分析して対策に結びつけ，早期に運航に反映するという循環を確立させてこそ，その情報が有効に活用されることとなり，先手を打つエンジニアリングが可能となるのである．

2.6　航空輸送のビジネスモデル

航空輸送はグローバルな経済を支える非常に重要な機能であり，また将来的な成長に不可欠なインフラであると言える．本節ではこの航空輸送に係るビジネスモデルを，マクロ的視点から見た市場や業界の歩みと現状といった観点から考察するとともに，昨今伸張の著しいローコスト・キャリア（LCC）とわが国の航空業界について触れてみたい．

2.6.1　航空業界の市場規模と成長性

航空輸送業界は年間 6000 億ドルを超える市場規模を誇るが，今日においても年率 5% 程度の伸びを維持し続ける成長市場でもある．

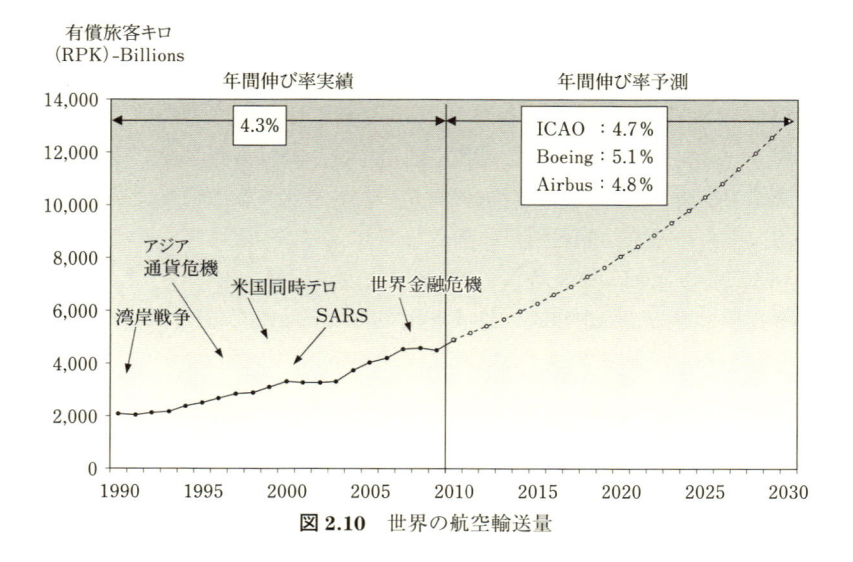

図 2.10　世界の航空輸送量

(a) 市場規模と需要の推移

(1) 市場規模

IATA によると，2011 年の世界のエアライン売上は 6300 億ドル以上，エアライン業界全体での利益は 70 億ドルに届くと予想されている．エアラインの収益を決定する要素の 1 つである航空輸送量は，1970 年と比較すると旅客で 10 倍弱，貨物では 12 倍にもなっており，湾岸戦争と 9・11 テロ事件といったイベント時を除いて常に右肩上がりが続いている（図 2.10）．ボーイング社によると，今後 20 年で全世界での航空旅客需要予測は年平均 5%，貨物需要予測は年平均 5.8% の成長を見せるとされているが，過去の航空運送需要の伸びや，昨今の LCC による新規需要喚起を考え併せると，十分に実現可能な数値と考えられる．一方，エアライン収益のもう 1 つの要素である輸送単価は，インフレ調整後の航空運賃指標が一貫して下がり続けている．航空輸送量の伸びが単価の下落をはるかに上回ることで，市場は成長を続けているが，見方を変えると，単価の下落が航空輸送量の伸びを支えているとも言える．

地域別に見ると，中国を含むアジア域内の市場規模が成長著しく，すでに北米域内市場を抜いて世界最大の市場となっている．北米・欧州は LCC の拡大もあって堅調であるが，今後は欧州金融危機の影響で成長の鈍化が懸念される一方で，中東がその存在感を強めつつある．世界のエアライン・ランキングでもこの傾向が現れており，昨今ではエミレーツ航空やサウスウエスト

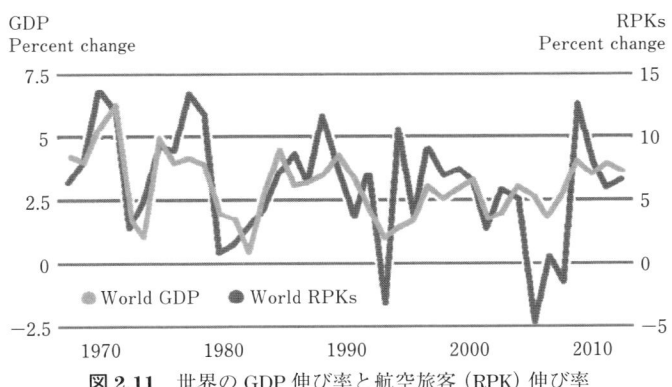

図 2.11 世界の GDP 伸び率と航空旅客（RPK）伸び率
(Boeing Current Maket Outlook)

航空といったエアラインがトップ 15 に顔を出してきている．

(2) 需要の推移

上述の通り，航空輸送需要は今後年率 5% 程度で成長していくことが予想されている．航空輸送は経済の発展にとって非常に重要な交通インフラであり，その伸びは図 2.11 に示す通り世界の GDP の伸びと密接な相関関係にあるが，これに加えて次のような要因が相俟って，より大きな市場の拡大が見込まれる．

- 経済成長と世界経済のグローバル化による需要拡大
- 1 人当たり可処分所得の伸びと LCC 台頭による運賃低下による需要層の拡大
- 航空自由化の進展による利便性向上による需要喚起

(b) エアライン業界の収益性と構造的不況問題

既述のように市場規模は持続的に拡大する環境にあるが，これまでのところ世界のエアライン業界はそれを利益として実現しきれていない（図 2.12）．たとえば 2001 年から 2010 年までの 10 年間，業界全体として利益を計上したのは 2006 年，2007 年，2010 年の三度のみであり，9・11 やリーマンショックなどのイベントリスクがあったとはいえ，他の年はすべて赤字となっている．エアライン業界の投下資本利益率は，業界全体では常に資本コストを大きく下回っており，業界としての構造的な不況に陥っているとしか考えられ

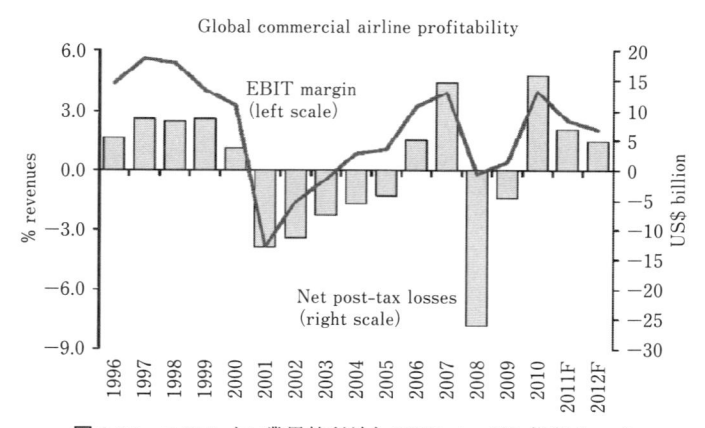

図 2.12　エアライン業界純利益と EBIT マージン推移（IATA）

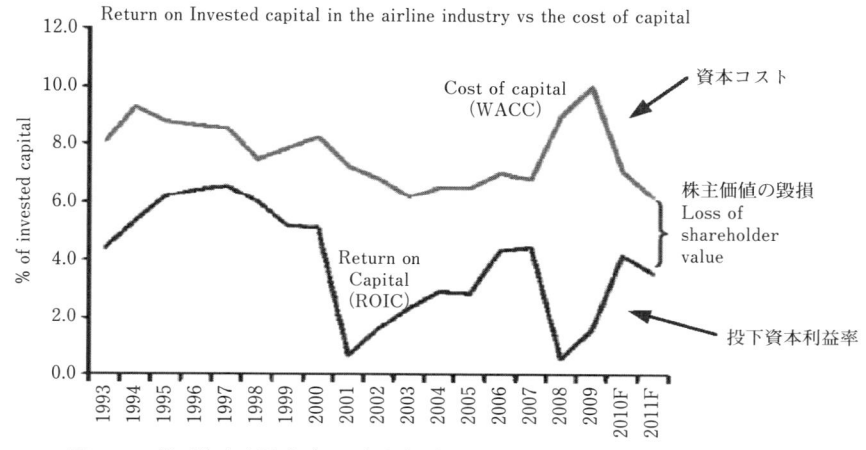

図 2.13 投下資本利益率（ROIC）と加重平均資本コスト（WACC）の推移（IATA）

ない状況にある（図 2.13）．

このような低い利益率の要因としては以下が考えられる．

- 新規参入規制緩和の進展とアセット流動性の高さにより，参入・撤退が容易な業界であり，供給過多の状況が生まれやすい．
- 生産と消費が同時進行し，在庫が利かない事業なので，供給過多は過剰な価格競争を生み出し収益性を圧迫する．
- 装置産業であるため固定費が高く，また生産に対する柔軟性が少なく，需要の落ちに費用削減で対応できない．
- 政府規制により，国境を越えた合併・吸収が不可能で，業界の真の統合，効率化が進まない．

2.6.2 エアライン業界の変遷と現状

黎明期のエアラインは国家の庇護や指導のもと，ある意味公的な機関として，自国民の長距離，特に海外への移動を念頭に置いたいわゆるナショナル・フラッグ・キャリアとして発展してきた．その後この分野にも民営化・自由化の波が押し寄せ，特に米国では 1978 年のカーター大統領による航空輸送業界の完全自由化が施行され，多くのエアラインが積極拡大戦略を採った．その結果としてブラニフ航空をはじめとするいくつかのエアラインが淘汰され

たが，その中で生き残ったエアラインが編み出した戦術の1つがハブ＆スポークといわれるシステムである．ハブ＆スポークモデルは，航空旅客を出発地から目的地まで完全に自社でコントロールするという観点から生まれたもので，複数拠点を自社便でネットワーク化することで数多くの出発地と目的地を結ぶものである．代表的なものとしてアメリカン航空のダラス空港・シカゴ空港，ユナイテッド航空のシカゴ空港・デンバー空港，デルタ航空のアトランタ空港などがある．1980年代を通して大手エアラインは競ってこのハブ＆スポークモデルの拡充を図り，これまで不可能であった小都市と小都市を結ぶネットワークを実現した．

一方でハブ＆スポークのシステムにおいては，ハブ空港に一時に全方向からの便を集め，短時間でこれらをまた各拠点に出発させるというオペレーションが必要となり，空港の規模拡大と非稼働時間の長期化，直行便に比して迂回したルート設定から生ずるフライトの長時間化等，種々の問題点をも含んでいた．顧客嗜好の多様化につれてこれらの問題点が顕在化し，エアラインの収益性を圧迫するとともに顧客の満足度も下降していくこととなった．

これをある意味反面教師として発展してきたのがLCCである．その代表格であるサウスウエスト航空は1971年に3機のB737でテキサス州のダラス，ヒューストン，サンアントニオの3都市でサービスを開始，2002年で既に380機近くのB737を保有するまでに大きく成長した．現在では540機以上ものB737を保有，短距離路線が主であるにもかかわらず旅客キロ数で世界第8位の規模となっている．LCCは非主要空港をベースとし，小型機材を使って短中距離路線を高頻度で運航，必要最低限のサービスしか提供しない代わりに安い料金を提示するというのが特徴であるが，最近では更なる差別化を狙って，少し高級な内装やサービスを提供するもの，利便性の高い空港を使用するもの，また大型機材を使用して長距離路線を運航するものなどが現れている．これら発展型のLCCが今後も持続可能な成長を続けられるのかについては，もう少し時間をかけて見ていく必要がある．

2.6.3　ローコスト・キャリア（**LCC**）について

昨今になってその存在感を強めてきたLCCであるが，広義では「必要最小限のサービスと引き換えに低価格な料金を提供するエアライン」ということ

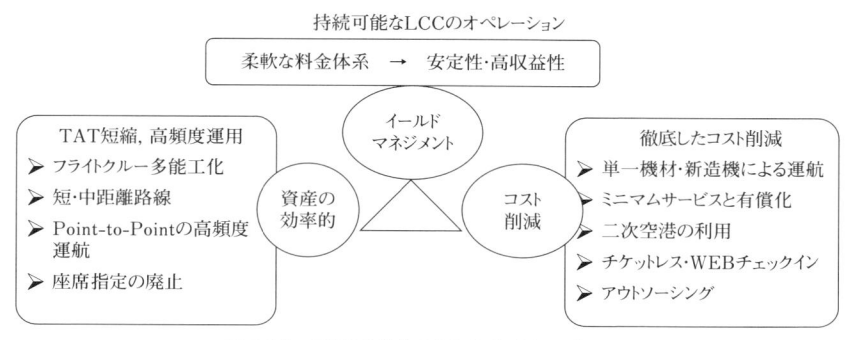

図 2.14 持続可能な LCC のオペレーション

持続可能なLCCのオペレーション

柔軟な料金体系　→　安定性・高収益性

イールドマネジメント

資産の効率的

コスト削減

TAT短縮, 高頻度運用
- フライトクルー多能工化
- 短・中距離路線
- Point-to-Pointの高頻度運航
- 座席指定の廃止

徹底したコスト削減
- 単一機材・新造機による運航
- ミニマムサービスと有償化
- 二次空港の利用
- チケットレス・WEBチェックイン
- アウトソーシング

になる．しかしながら，ここで考察の対象としているのは「安かろう，悪かろう」ですぐに消えてしまうような泡沫エアラインではなく，低料金と最低限のサービスによるオペレーションをサステナブルなものとして継続しているエアラインである．そういったLCCは安全性や定時性，その他旅客の輸送におけるコアバリューにおいて妥協せずに運航している点において泡沫エアラインと大きく異なり，そのオペレーションを支えているのが「徹底した不要コストの削減」，「資産の効率的運用」，「イールドマネジメント」という3つのファクターである（図2.14）．これらについて以下に考察してみたい．

(a) LCCの特徴① 「徹底した不要コストの削減」

　LCCの特徴として，まず挙げられるのが，徹底した不要コストの削減である．そのための施策としてスタンダードとなりつつあるのが，最新型機材の起用と単一機材による運航，ならびに必要最低限のサービスと付加サービスの有償化である．以下にそれらならびにその他のコスト削減策について述べる．

- 最新型機材の利用：最新型機材は燃費も良く，故障も少ないことから整備費も安価であり，仮に故障が発生してもメーカーの保証でカバーされることが多いため，結果としてコストの大きな割合を占める燃料費，整備費の抑制が可能となる．また，航空機はある一定時間のフライトを経ると重整備が必要となるが，重整備前に機体をリース元に返却することで更なる整備コストの削減が可能となる．

- 単一機材による運航：運航機材を単一化することにより，整備における

効率化，消耗品等在庫の圧縮，乗員やパイロットの訓練における効率化が可能となり，結果として費用が削減される．実際に，ほとんどのLCCはB737型機かA320シリーズのどちらか一方のみでの運航を行っている．

- 必要最低限のサービス：サービス面でのコスト削減は一見顧客満足度の低下を招きかねないように映るが，実際には「安全かつ定時に目的地へ運ぶことだけに集中する」ために，不要なサービスは極力廃止もしくは追加サービスとして課金する，というコンセプトであって概ね好意的に受け取られている．しかしながら一部では，1人分のシートに収まりきらない乗客から2人分の料金を取るなど，いき過ぎとの批判を招いた施策もある．
- 使用する空港：LCCは基本的に主要空港を使用せず，二次空港／非主要空港の利用によって空港着陸料を削減している．二次空港／非主要空港の利用は顧客にとっての利便性を損なうケースが多いが，これも利便性と経済性のどちらを重視するか，という選択肢の多様化として認識されており，顧客満足度の毀損には繋がっていない．また，これはTAT（後述）短縮効果もある．
- チケット・チェックイン：チケットのWebサイト直販，ペーパーレス化や端末・PCからのチェックインを導入することにより，発券・郵送コスト削減やチケット流通の中間マージン削減，ならびに空港カウンター人員削減などのコスト低減効果が得られる．
- 運航周辺業務：空港でのグランドハンドリングなど地上支援業務や整備等は，巨額の初期投資に加え人員の確保を必要とし，結果的に重いコスト負担としてエアラインにのし掛かることとなる．LCCの多くは，これら領域を他社にアウトソースすることで，長期にわたる固定費を変動費化し，必要以上のコストが掛からないような体制を整えている．

(b) LCCの特徴②「資産の効率的運用」

航空機という資産は，飛んで人やモノを輸送することでキャッシュを生み出すものであり，逆に地上に停まっている限り一切収入は生まれないどころか，駐機料その他コストが発生することとなる．したがって，ターンアラウンドタイム（TAT：飛行機が着陸してから次に離陸するまでの時間）をいかに短縮するかが航空機の効率的な運用にとって重要である．以下ではそのため

の施策について述べる．

- フライトクルーの多能工化：LCC以外のエアラインでは，業務の分化により，到着後の清掃・フライト準備は地上職員が行い，乗務員は旅客とともに飛行機を降りる形となっている．LCCの場合，乗員がそのまま残って機内清掃や次のフライトの準備をすることで，機材が地上にいる時間を短縮するのみならず，トータルでの人件費削減を実現している．
- 小型機材による短中距離路線運航：LCCでは，B737やA320といった小型機による短中距離路線のPoint-to-Point運航が主流となっている．これはシンプルな運航スタイルによって回転を上げることのみならず，他便との接続等を考慮しない最適な運航スケジュールの実現や，小型機ゆえの空席の少なさと相俟って航空機資産の効率的な運用を実現する手立てとなっている．
- その他：エアラインによっては，座席を指定しないことでそこにかかるコストを削減するとともに旅客のいち早い搭乗を促し，以てTATを短縮しているものもある．サウスウエスト航空等がこの手法を活用している．

(c) LCCの特徴③「イールドマネジメント」

前述の通り，航空輸送においては生産と消費が同時進行し在庫が利かないため，需要に応じて供給を調整することが困難である．LCCはその低価格を武器に，きめ細かいイールドマネジメントを以てこの問題に対処している．

- 多くのLCCは販売時期によって料金を細かく変更することで，比較的早い段階で一定の搭乗率を確保する一方，出発間際の予約客からは収益率の高い料金を取っている．これを可能にしているのが自社Webによるチケット直販で，ここで機動的に料金設定を変更することで理想的なイールドを実現している．
- スカイマークエアラインズは，イールドマネジメントの最適化に不可欠であるきめ細かい料金設定を実現するため自社システムを構築，これにより2ヵ月前から1日刻みで60段階の運賃設定までできる体制を整えた．

以上で述べたように，LCCにはその3本柱として不要コストの削減，資産の効率的運用，イールドマネジメントという要素が必要で，逆に言うとこれらの要因がLCCを持続可能なモデルとしている決め手ということができよう．

表 2.3 カンタス航空のマルチブランド経営

セグメント別 EBIT $M	FY10	FY09	FY08	FY07
カンタス航空	67	4	1358	886
ジェットスター航空	131	107	102	71
マイレージサービス	328	226	79	128
貨物事業	42	7	128	85
付帯事業	14	16	19	49
連結消去	－114	－224	－368	－243
EBIT 合計	468	136	1318	976

(d) ネットワーク・キャリアの LCC 戦略

　LCC の躍進をネットワーク・キャリアは黙って見ていたわけではなく，これまでにも英国航空やユナイテッド航空が子会社として LCC オペレーションを目論んだが，いずれも失敗に終わっている．現状，唯一成功を収めていると言えるのはカンタス航空によるジェットスター航空オペレーションで，以下のようなコンセプトに基づきモデルを構築している．

- プレミアム市場とディスカウント市場は，2 つのブランドに分けて異なる組織で事業遂行したほうが戦略の明確化と株主資本の有効利用に繋がる．
- 路線と座席提供数についてのみ調整を行うが，基本的にはまったく独立した事業として経営．人事交流もほとんど行わず，ジェットスターの LCC 文化が損なわれないように配慮．
- 収益性が高いがボラティリティも高いカンタス事業と，比較的安定しているジェットスター事業ならびにマイレージサービスをポートフォリオとして管理し，これによって事業環境の変化に柔軟に対応できる体制を確立（表 2.3）．

　昨今，ANA は独自での LCC オペレーションであるピーチの立ち上げとエアアジアとの協業によるエアアジア・ジャパンで，JAL はジェットスターとの協業によるジェットスター・ジャパンの立ち上げで LCC オペレーションを開始しようとしているが，その成否はどこまでこのモデルを追求できるかに懸かっている．

表 2.4　日本と世界のエアラインの Load Factor（2010 年）

エアライン	ASK（百万キロ）	RPK（百万キロ）	LF（%）
スカイマーク（国内）	5,454	4,467	81.9%
日本航空グループ	92,776	63,437	68.4%
全日空	86,564	58,413	67.5%
（内訳：国内）			
日本航空グループ	41,073	25,400	61.8%
全日空	56,796	35,983	63.4%
（内訳：国際）			
日本航空グループ	51,703	38,037	73.6%
全日空	29,768	22,430	75.3%

資料：2010 年 4 月～2011 年 3 月各社輸送実績資料

エアライン（地域別合計）	ASK（10 億キロ）	RPK（10 億キロ）	LF（%）
米国エアライン	1,595.37	1,301.28	81.6%
欧州エアライン	995.36	774.86	77.8%
アジア・パシフィックエアライン	893.92	705.57	78.9%

資料：2010 年 1 月～12 月 日本航空開発協会

ASK：輸送座席キロ（Available Seat Km），RPK：有償旅客キロ（Revenue Passenger Km）
LF：有償座席利用率（Load Factor＝RPK÷ASK）

2.6.4　日本の航空業界について

(a) 特徴と問題点

　本邦においては，行政機関の許認可や主要空港のキャパシティ，周辺サービス提供者の不在といったさまざまな制約から，新規参入者にはハードルが高く既得権を持つものに有利な事業環境となっており，これに高い公租公課が拍車をかけて運賃が高止まりせざるをえない状況となっている．このため，特に LCC の分野において諸外国に遅れをとっている感が否めない．

　わが国における航空の自由化は，欧米諸国に比して遅れていたアジアの中でも特に限定的な運用となっている．また，主要基幹空港である成田空港，羽田空港においては開港当初よりのスロット不足が慢性化しており，拡張時でも新規スロットの配分は非常に制限されている．一方で空港における運航関連サービスは従来よりエアライン（JAL，ANA）が自前で抱え込む構造が中心で，サードパーティによるサービス提供が現在に至るも例外的なものとなっている．こうした環境により，本邦におけるエアライン事業は新規参入におけるハードルが非常に高く，既得権者に有利な構造となっている．

表 2.5　ANA/スカイマーク 業績比較（2010 年度）

単位：億円

	ANA	SKY
売上	13,576	580
事業費・販管費	▲ 12,898	▲ 469
営業利益	678	112
経常損益	370	110
純利益	233	63
営業利益率	5.0%	19.3%
総資産	19,280	374
自己資本	5,202	172
有利子負債残高	9,388	0
自己資本比率	27.0%	46.1%
ROA	3.7%	8.3%
ROE	4.7%	36.8%

　また，本邦においては 1 kL 当たり 2 万 6000 円[7]もの航空機燃料税をはじめとする公租公課が課されている．これが航空チケット料金に織り込まれることからわが国の航空運賃は諸外国に比して高く，これが本邦エアラインの競争力を削ぐ原因ともなっている．

　表 2.4 にも示されるとおり，本邦でのネットワーク・キャリアである JAL，ANA は世界のエアラインに比べて低い有償座席利用率（Load Factor）となっているが，一方で新興エアラインであるスカイマークは世界水準たる Load Factor を達成，表 2.5 にも見られるとおり営業利益率，ROE，ROA において ANA を上回る実績を残している．また最近登場した本邦 LCC は，更に高い Load Factor を実現しており，今後はこれら LCC の示す指標数値にも目を向けていく必要があろう．

(b) 日本の航空会社

(1) JAL の経営破綻と会社更生

　わが国においては，1972 年に旧運輸省の方針により JAL，ANA，TDA 3 社

---

7)　平成 23 (2011) 年度の租税特別措置法により，一般国内航空機と特定離島路線航空機については同年度より 3 年間，沖縄路線航空機についても，平成 24 (2012) 年度の沖縄振興特別措置法により平成 25 (2013) 年度までそれぞれ 1 キロリットル当たり 1 万 8000 円，9000 円，1 万 3500 円への引き下げが実施されている．

による寡占，いわゆる45・47体制が確立され，その後1990年から2000年にかけての規制緩和を経て2002年にはJALとJASが経営統合，JAL，ANAの2メガエアラインとスカイマーク，スターフライヤー等の新興エアラインによるせめぎあいとなった．このような状況の下，JALはJASとの経営統合後も経営効率化が進まなかったことや，乱立する労組，赤字路線の削減になかなか踏み切れなかったことなど，さまざまなコスト削減への足かせから抜け出せない状態が続いた．これら経営効率化の遅れがじわじわと体力を蝕み，これにリーマンショックによる市場の冷え込みや燃油ヘッジ失敗による為替損失が重なって，ついに2010年1月，会社更生法適用を申請するに至った．負債総額は2兆3000億円以上と事業会社では戦後最大規模の経営破綻である．結果，株式は100％減資，商取引債権・リース料債権を除く非保全債権の87.5％を債権放棄させることで5200億円もの債務免除を行い，一方で3600億円のDIPファイナンスや企業再生支援機構からの3500億円もの資本注入が行われた．並行して，企業体質を改善すべく，年金制度の改訂や機材小型化，不採算路線撤退等による人員削減，関連子会社の売却等を進め，2011年3月末に更生手続を完了している．今後は株式市場への再上場を計画しているが，政府財政への負担を軽減するという観点から企業再生支援機構による資金回収

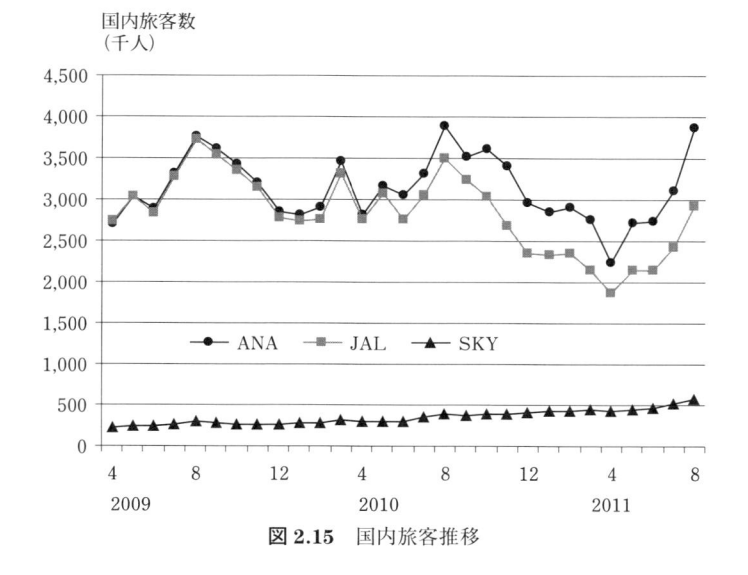

図 2.15　国内旅客推移

図 2.16　国際旅客推移

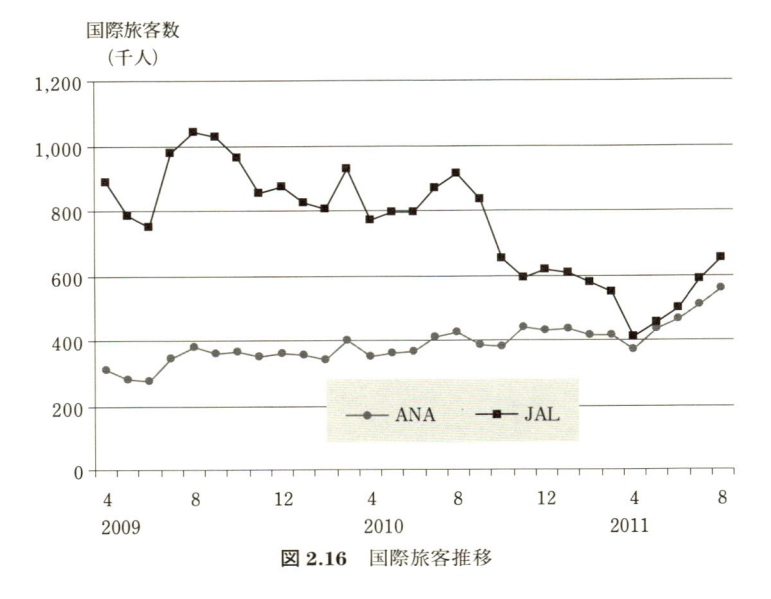

の確実な実施が求められる一方で，JAL へのこれだけの支援が結果として競合他社の収益性を圧迫するという事態も生じており，今後は慎重な対応が求められる．

(2) エアライン各社勢力図

JAL，ANA，スカイマークというわが国の代表的なエアライン 3 社の国内・国際旅客推移をグラフにしたのが図 2.15，2.16 である．2010 年以降の JAL による保有航空機数の縮小が，国内での ANA との旅客差拡大や国際線での均衡に見て取れる．またスカイマークは B737 型機の追加導入によりフリート拡大を図っているが，依然として JAL，ANA との規模の違いは歴然としている．

(3) 今後の成長ポテンシャル

総務省による平成 22 年度国勢調査「人口等基本集計結果」(2011 年 10 月 26 日公表) によると，日本人の人口は 1 億 2535 万 8854 人と，前回調査から 0.3% 減少しており，これは現在の調査方法を採用した 1970 年以降では初めての出来事となっている．経済成長率においても，2010 年こそ反動があったものの，2008 年 −3.7%，2009 年 −2.1% とマイナス成長になっており，今後も飛躍的な伸びは望みにくい状況にある．一方で，航空機にとっての競合たる

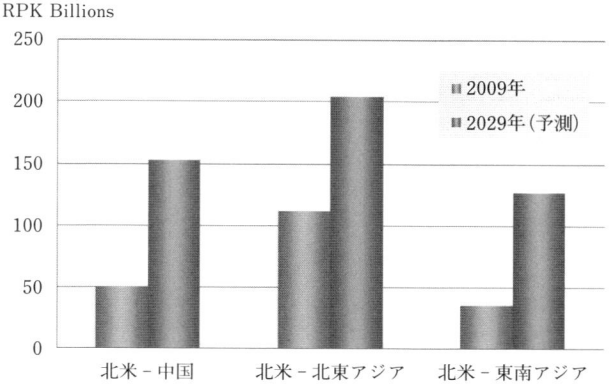

図 2.17 日本での乗り継ぎ可能性がある旅客流動の伸び
(Boeing Current Maket Outlook)

新幹線は 2010 年の九州をはじめ北海道，東北，北陸等の整備新幹線が着々と路線網を充実させている．これら人口の縮小・経済の低成長や競合交通機関の躍進を踏まえると，今後国内航空市場には大きな成長は期待できないと言わざるをえない．

一方国際線需要に関しては，経済成長の著しいアジア発着の需要に大きな伸びが期待できる．中国や東南アジア各国では，LCC キャリアがこれまで航空機を利用しなかった層の需要を発掘しており，これら新規顧客層の日本への流入が期待できるほか，アジアでのビジネス機会取り込みを狙う本邦法人，また本邦経由でアジア各国を訪問する旅客の需要も成長が期待されるからである（図 2.17）．わが国の地理的・経済的な位置を鑑みるに，この分野の成長においては北米・アジア間の乗り継ぎ需要の取り込みが鍵となると思われるが，そのためには本邦エアラインにとってコストのグローバルスタンダード化が必須の条件となる．

したがって，わが国のエアラインとしては，海外エアラインと対等に競争できるようなコストを実現し，アライアンスを活用したネットワークの拡充を目指すとともに，海外発着の需要を取り込んでいくことが必要となる．このためには前述の航空機燃料税をはじめとする公租公課や各空港における着陸料・施設利用料の見直し，空港におけるサービス事業者のグローバルスタンダード化といった業界環境の整備を進めるとともに，国際化された羽田の

内際乗り入れを活かしたネットワークの構築や成田・関空を中心とする LCC の拡大，さらには地理的要因を活かしてアジア発着需要を取り込めるような航空会社間のアライアンスを充実させることが重要な課題となる．

(4) LCC マーケットの拡大

わが国においては，1990 年代の規制緩和によって複数の新興エアラインが市場に参入し，JAL，ANA といった大手より安い航空運賃を訴求ポイントとしていたが，大手による価格マッチングや，大手系列会社が独占供給する周辺サービスでコストが高止まりしたことなどが影響し，最終的には独立独歩の路を選んだスカイマーク以外はほとんどが破綻，もしくは大手の支援を受ける形となっていた．ところが 2012 年に入ると，JAL，ANA といったネットワーク・キャリアが資本参加する形で LCC が続々と登場，オペレーションを開始した．これら LCC はいずれもネットワーク・キャリアによる資本参加という特徴を持つが，それ以外にも，①海外で成功している LCC・LCC 関係者との積極的なパートナーリング（出資・運営）により設立運営されること，②機材・拠点等の設定において既存のネットワーク・キャリアとは一線を画していること，などの点でこれまでの新興エアラインと異なっている．世界的な LCC エアラインの隆盛が既存大手エアラインに与えた影響に加え，羽田の拡張・国際化による成田空港の位置づけの変化や関空・中部の生き残り策の一環としての LCC 誘致，JAL の破綻とそれによる周辺サービスのサードパーティー化等，国内的にも LCC 拡大の機運が高まったことがその背景にあると考えられ，今後はわが国においてもネットワーク・キャリアと LCC の二分化が進むものと考えられる．2012 年に運航を開始する本邦 LCC の概要は以下の通りである．

- ピーチ・アビエーション

    ANA 33.4%，ファーストイースタン・インベストメント・グループ 33.3%，産業革新機構 33.3% にて設立された LCC．関空を拠点とし，2012 年 3 月から福岡・新千歳・長崎・鹿児島に就航．5 月からは仁川への国際線も運航を開始し，7 月からは香港・台北へも就航．機材はエコノミー 180 席仕様の A320-200．ライアンエアーの元会長をアドバイザーに迎える等，LCC の精神を重要視し，ANA の経営とは一線を画したオペレーションを行う．

- エアアジア・ジャパン

  ANA67％，エアアジア33％にて設立．成田空港を拠点とし，2012年8月1日の新千歳・福岡就航を皮切りに沖縄，ソウル（仁川），釜山へ就航予定．機材はエコノミー180席仕様のA320-200．すでにアジアで大きな成功を遂げているエアアジアの日本版で，オペレーションもエアアジアのそれに倣ったものになると思われる．

- ジェットスター・ジャパン

  豪州ジェットスター並びにJALが各々33.3％を，三菱商事と東京センチュリーリースが16.7％ずつを保有するLCC．成田空港を拠点とし，2012年7月より札幌・福岡・那覇・関空へ就航．2013年には中国・韓国等のアジア主要都市路線への運航も予定している．機材はエコノミー180席仕様のA320．カンタス航空の子会社としてLCCオペレーションを成功裡に実現しているジェットスターを中心にオペレーションを行うことで，主要株主であるJALの影響を排したLCC事業の実現が可能と考える．

2.6.3項で述べたように，LCCの特徴としては「徹底した不要コストの削減」，「資産の効率的運用」，「イールドマネジメント」が挙げられるが，本邦ではこれら各々の分野においてその実現を妨げる要因が存在したため，諸外国に比して遅れが目立っていた．ピーチ・アビエーション，エアアジア・ジャパン，ジェットスター・ジャパンといった本邦LCCはこれら要因を乗り越えつつ，また一部はその問題を抱えながらもオペレーションを開始しており，まさに2012年をLCC元年とした立役者たちと言えよう．

「徹底した不要コストの削減」という観点では，各社とも最新機材の利用や単一機材による運航，最低限のサービスと有償化といった要件を満たす形でオペレーションを行っており，その部分でのコスト削減効果は十分に出ているものと思われる．二次空港の利用についてはそもそも首都圏における二次空港が存在しないことが障害となっていたが，昨今では成田空港がその役割を担う動きを見せており，これらLCCへの追い風となっている．しかしながら，地上支援などの周辺業務に関しては，JALによる周辺事業の売却やサードパーティーの登場など変化が訪れつつあるものの，未だ既存エアライン系列の事業者による寡占が続いている．

「資産の効率的運用」については，組合問題などを抱える既存大手エアライ

ンと異なってフライトクルーの多能工化が進み，運航効率化に寄与している．一方で，小型機による Point-to-Point 運航については，空港発着枠や供用時間の制限などにより依然ハードルは存在するものの，羽田の国際化や成田の拡張に伴うスロット増加等により徐々に状況が変わりつつある．

　「イールドマネジメント」については，1kL 当たり 2 万 6000 円もの航空機燃料税（脚注 7）参照）をはじめとする公租公課や周辺業務サービスへの対価が高止まりしていること，料金設定についても官への届出その他の制限が存在することなどから，海外のエアラインに比べると依然料金設定の自由度は高くない．座席キロ当たりのコストで見た場合でも，海外の LCC が 3～5 円強であるのに対し，本邦ではスカイマークでも 9.3 円，全日空では 13.7 円となっている．しかしながら，航空機燃料税は期間限定ではあるものの 2011 年度より減免措置が取られており（脚注 7）参照），また今後は羽田国際化による成田のポジションシフトや JAL のリストラによる周辺事業のサードパーティー化も進むと思われ，これらに係るコストの低減も十分に期待できる状況となっている．

　以上で見たように，航空業界はその誕生以来大きな成長を遂げているが，その道程は必ずしも平坦ではなく，湾岸戦争や 9・11 テロ事件といった惨事による苦境を，多くのプレーヤーがビジネスモデルを変遷させることで克服してきたことがわかる．一方わが国の航空業界は，行政による規制や既存プレーヤーによる寡占などの制約，諸外国に比して高い公租公課など多くの課題を抱えていたが，これらを乗り越えて新たなビジネスモデルを構築する動きがまさに具体化しつつある．本邦における航空業界の更なる発展の起爆剤となりうるのが LCC であるが，LCC の発展によりわが国の航空業界全体が進化することを期待したい．

トピック5　地域航空の支援制度

規制緩和により競争が激化するなかで，地域航空ネットワークの縮小が懸念されている．従前は，大手航空会社が羽田発着の高需要路線からの収入で低需要路線を維持してきたが，競争激化に伴う運賃の低廉化等に加え，少子高齢化の進展や新幹線ネットワークの概成等により，こうした手法は限界となってきた．

欧米でも，地方路線の維持は重要な政策課題となっており，規制緩和時に地方路線の維持を図るための制度が導入されている．米国では，1978年の航空企業規制緩和（廃止）法制定時にEAS（Essential Air Service）制度が導入され，一定の要件を満たした赤字路線について，公開入札により運航する航空会社を選定し，運営費に5%を加えた額を連邦政府のAATF（空港・航空路信託基金）から拠出している．

欧州には，航空を含めた公共交通維持のための制度としてPSO（Public Service Obligation）がある．これも，一定の要件を満たす路線について公開入札で運航会社を募り，利益保証を行う，というもので，地方自治体が主体となっている点が特徴である．

日本では従前より，社会資本整備特別会計の空港整備勘定予算として，離島航空路維持のための補助制度があった．これは，離島路線を運航する機体の購入費の一部または赤字路線の運航費の一部を，国と地方自治体が協調して補塡するものであった．しかしながら，2011年度より，地域の公共交通を維持するための一般会計予算の補助制度に集約され，都道府県ごとの地域の協議会で生活交通ネットワーク計画を策定し，補助対象経費の2分の1を国が補助する，というスキームとなった．また，地域の協議会が離島住民の移動手段の確保のために割引運賃を設定した場合，運賃引き下げによる損失見込み額の2分の1相当額を運航費補助として国が支援することも可能となった．

一方，離島以外の地域航空については，着陸料の軽減措置や税制の特例措置のほか，羽田空港の発着枠配分時に地方航空路線維持に配慮する等の措置がなされているものの，ネットワーク縮小を食い止める決定打とはなっていない．

こうしたなかで，自治体の出資や金融機関・投資家の融資により，航空機の購入・保有・貸付・整備等を行う「航空機共同保有機構」を設立するというスキームが学識経験者や地方自治体等からなる研究会で提案されており[1]，今後の動向が注目されている．

1)　持続可能な地域航空ネットワークを考える会　中間報告，2010年9月．
　　(http://www.kyukeiren.or.jp/files/topics/report/101115114819390.pdf)

―――✈――― **トピック6　航空事故調査** ―――✈―――

　高度な安全性が要求される航空機では，再発防止の観点から徹底した事故調査が実施される．世界初のジェット旅客機である，英国デハビランドDH.106コメットの徹底した事故調査も，その後の航空機安全に大きな貢献をなしえた．4発ジェットエンジンを搭載し，1949年に初飛行したコメットは，1954年に地中海上空で空中分解による墜落事故を1月と4月に二度にわたり起こした．英国政府は同機の型式証明をはく奪し，事故の原因究明にあたった．与圧胴体の金属疲労が疑われたため，巨大な水槽によって胴体の疲労試験が実施され，設計された疲労寿命より一桁少ない回数で亀裂が発生することが判明した．地中海から回収された機体部品からも，胴体天井のアンテナ窓枠からの金属疲労による亀裂が確認され，原因は確実なものとなった．金属疲労は当時でも既知の事実で，疲労試験も開発時に実施されていたが，初のジェット旅客機であり，試験法が未熟であった．徹底した試験と設計変更によりコメットは蘇るが，それ以上に，亀裂が発生しても胴体の破損には至らないことを保証するギロチン試験の導入や，疲労による亀裂の発生を前提に構造の健全性を保証する損傷許容設計が編み出された意義は大きい．

　現在の旅客機には飛行データとコックピットの音声を記録するブラックボックスと呼ばれるオレンジ色の装置（FDR：フライト・データ・レコーダ，CVR：コックピット・ボイス・レコーダ）の搭載が義務づけられている．この装置は，コメットの事故をきかっけにデビッド・ウォーレン（豪州）により開発された．初期のものは磁気テープに音声を記録し，金属板にダイヤモンドの針でデータを刻んだ．現在ではデジタル化により詳細なデータが記録され，機体損傷時の回収を容易にするために機体尾部に搭載され，海中に水没した場合にも発見できるように音響発信機が内蔵されている．

図　ブラックボックスのプロトタイプと発明者のデヴィッド・ウォーレン
（資料：Wikipedia）

# 第3章 空港政策の変遷と今後

　空港については，しばしばその経済的な面のみに着目して要否を論じられるが，2011年の東日本大震災直後には，津波の被害にあった仙台空港に代わって，周辺の空港が物資輸送や医療関係者の移動拠点として大活躍するなど，救急救難のためのインフラといった機能も見直されている．本章では，わが国の空港整備の歴史とそれを支える制度的枠組みについて解説し，最近の動向として，アジアにおける大規模空港建設の進展やわが国における空港運営の民営化について，英国等の諸外国の例を交えながら論じる．

3.1 空港整備の歴史

　わが国の空港整備の歴史は，戦後のいわゆる航空空白期間を経て，空港整備法（1956年），空港整備五箇年計画（1967年），空港整備特別会計（1970年）の3つの制度的な枠組みが整うことで本格的に開始した．ここでは空港整備の歴史を，1985年まで，1995年まで，2002年までの3つの期間に分けて概説する．

3.1.1 わが国の空港の現状と空港整備の枠組み

　わが国には2012年3月現在，98の空港がある．これらは，空港法に基づき空港の機能や管理者に応じて種別が定められており，拠点となる空港が28，地方管理空港が54（うち離島空港が34），自衛隊等との共用空港やコミューター空港といったその他の空港が16存在する（表3.1）．
　また，98ある空港のうち68空港が，ジェット機が就航可能ないわゆるジェット化空港となっている．ちなみに，主要国の民間航空用空港数は，米国が1971，英国が124，ドイツが100，フランスが136である（国土交通省航

表 3.1 空港の種別

	空港会社管理	国管理	地方自治体管理
拠点空港 (28)	成田，関空，中部 (計 3)	羽田，伊丹，新千歳，稚内，釧路，函館，仙台，新潟，広島，高松，松山，高知，福岡，北九州，長崎，熊本，大分，宮崎，鹿児島，那覇 (計 20)	旭川，帯広，秋田，山形，山口宇部 (計 5)
地方管理空港 (54)	—	—	中標津，紋別，女満別，青森，大館能代，花巻，庄内，福島，静岡，富山，能登，福井，松本，神戸，南紀白浜，鳥取，出雲，石見，岡山，佐賀 (計 20) 〈離島空港〉 利尻，礼文，奥尻，大島，新島，神津島，三宅島，八丈島，佐渡，隠岐，対馬，小値賀，福江，上五島，壱岐，種子島，屋久島，奄美，喜界，徳之島，沖永良部，与論，粟国，久米島，慶良間，南大東，北大東，伊江島，宮古，下地島，多良間，石垣，波照間，与那国 (計 34)
その他の空港 (16)	—	札幌，千歳，百里，小松，美保，徳島，三沢，八尾 (計 8)	調布，名古屋，但馬，広島西，岡南，大分県央，枕崎，天草 (計 8)
合計 (98)	3	28	67

空局「空港の運営の在り方に関する検討会」第 1 回資料 (2010.12) より).

　わが国の空港整備については，表 3.2 に示した通り，1966 年度までに既に 52 の空港が所在しており，その後建設された空港の大半は離島空港である．後述するように，離島空港の整備と並行して，ジェット化とそれに伴う騒音問題への対応，三大プロジェクトの推進，羽田の拡張を中心に整備が進められ，現在の形になっている．

　第二次世界大戦終了時，日本には民間用 17 ヵ所，軍用 157 ヵ所の飛行場があった．戦後，GHQ の支配の下で航空に関するすべての活動が禁止されていたが，1952 年にサンフランシスコ講和条約が発効すると，東京，大阪をはじめとする 7 つの飛行場を結ぶ幹線を中心に民間航空が再開した．その後，空港整備を推進するため，以下に述べる空港整備法，空港整備五箇年計画，そして，空港整備特別会計の 3 つの枠組みが整備された．

　1956 年に制定された空港整備法は，公共の飛行場を「空港」と位置付け，国際航空路線に必要な空港を第 1 種空港，主要な国内航空路線に必要な空港を第 2 種空港（うち，国が設置管理するものは第 2 種 A，国が設置し地方公

表 3.2 空港数の推移（国土交通省航空局資料を基に作成）

	拠点空港		地方管理空港 （うち枠内は離島空港）		その他の空港		計
第1次空整以前 （1966年度以前）	23	羽田, 伊丹, 福岡, 高知, 宮崎, 高松, 長崎, 松山, 大分, 仙台, 新潟, 鹿児島, 稚内, 熊本, 広島, 北九州, 釧路, 函館, 秋田, 山形, 帯広, 山口宇部, 旭川	20	鳥取, 女満別, 岡山, 花巻, 富山, 青森, 松本, 中標津, 福井, 出雲, 紋別	9	名古屋, 三沢, 千歳, 小松, 調布, 美保, 八尾, 札幌, 徳島	52
			9	利尻, 八丈島, 種子島, 福江, 屋久島, 大島, 奄美, 三宅島, 壱岐			
第1次空整 （1967–1970年度）	0		4	南紀白浜	1	弟子屈	5
			3	隠岐, 喜界, 沖永良部			
第2次空整 （1971–1975年度）	1	那覇, (鹿児島), (大分), (熊本)	12		0		13
			12	佐渡, 徳之島, 久米島, 南大東, 宮古, 石垣, 与那国, 多良間, 波照間, 奥尻, 対馬, 伊江島			
第3次空整 （1976–1980年度）	1	成田	5		0		6
			5	与論, 礼文, 粟国, 北大東, 下地島			
第4次空整 （1981–1985年度）	0	(秋田), (帯広)	2	(女満別)	0		2
			2	上五島, 小値賀			
第5次空整 （1986–1990年度）	1	新千歳, (高松)	1	〈岡山〉, (青森)	2	岡南, 枕崎	4
			1	新島, (奄美)			
第6次空整 （1991–1995年度）	1	関西, 〈広島〉	5	福島, 庄内, 石見	2	広島西, 但馬	8
			2	神津島, 慶良間			
第7次空整 （1996–2002年度）	0		2	大館能代, 佐賀, (紋別), (南紀白浜)	2	大分県央, 天草	4
			0	(南大東)			
社会資本整備① （2003–2007年度）	1	中部, (北九州)	2	能登, 神戸	0		3
			0	(種子島), (多良間), (壱岐)			
社会資本整備② （2008年度〜）	0		1	静岡	0 (−1+1)	(弟子屈：平成21年9月24日廃止), 百里	1
			0				
合計	28		54		16		98
				34			

注1) 供用後に港格の変更があった空港については，現在の港格に基づいて記載．
注2) 下線は，1972年の沖縄返還に伴い日本に返還されたもの．
注3) ( ) の16空港および〈 〉の2空港は，ジェット化等に伴い移設されたもので外数．
注4) 〈岡山〉，〈広島〉については，新空港の供用後に旧空港（岡南，広島西）がその他の空港として存続．

共団体が管理するものは第2種B），地方的な航空輸送に必要な空港を第3種空港とし，種別ごとに整備費の負担割合等を設定した．

また，空港整備五箇年計画は，長期間に亘り巨額の資金を必要とする公共事業を可能とするため，1967年度から2002年度まで7次に亘り策定された（ただし，第7次は七箇年計画．2003年度以降は，社会資本整備重点計画に継承．以下，「空整計画」という）．1960年代に民間航空機のジェット化が急速に進展すると，わが国の空港もジェット化対応を余儀なくされた．それまでの地方空港は，基本的に1200 mの滑走路長しかなく，ジェット機の離着陸に必要な2000〜3000 mの滑走路を確保するために拡張や移設が必要となったのである．

さらに，空港整備の財源を確保するため，1970年に空港整備特別会計（現在の社会資本整備特別会計空港整備勘定）が設立された．空港整備特別会計は，空港の整備，改良，災害復旧，維持管理，騒音対策，保安業務等に必要な費用を賄うための特別会計であり，一般会計からの繰入金や航空会社が支払う空港使用料，財政投融資等の借入金等を財源としている．この基本的な枠組みは現在まで存続しており，財源が確保されたことで，空港整備は飛躍的に進んだ．この結果，第1次空整計画以前には5空港しかなかったジェット化空港の数は，第4次空整計画（1981–1985年度）終了時には39までに増加した．

3.1.2 空港整備の推移

(a) 騒音問題への対応（1967–1985年度）

このように，空港のジェット化が進められた半面，深刻な騒音被害が社会問題化した．特に，市街地に近い大阪国際空港（伊丹）や福岡空港周辺では，相次いで集団訴訟や調停が提起された．このため，1967年に「公共用飛行場周辺における航空機騒音による障害の防止等に関する法律」が制定され，教育施設等の防音工事や移転補償等が開始し，1974年には住宅防音工事も開始された．この結果，1970年代から1980年代初めまで，空港整備事業予算の相当額が環境対策に使われた．図3.1は，1970年度から2008年度までの空港整備事業の歳出額（国費分のみ）の推移である．空港整備特別会計設立当初は，一般空港の整備費が中心であったが，第2次空整計画（1971–1975年度）から徐々に環境対策事業費が増加し，第3次空整計画（1976–1980年度）では，

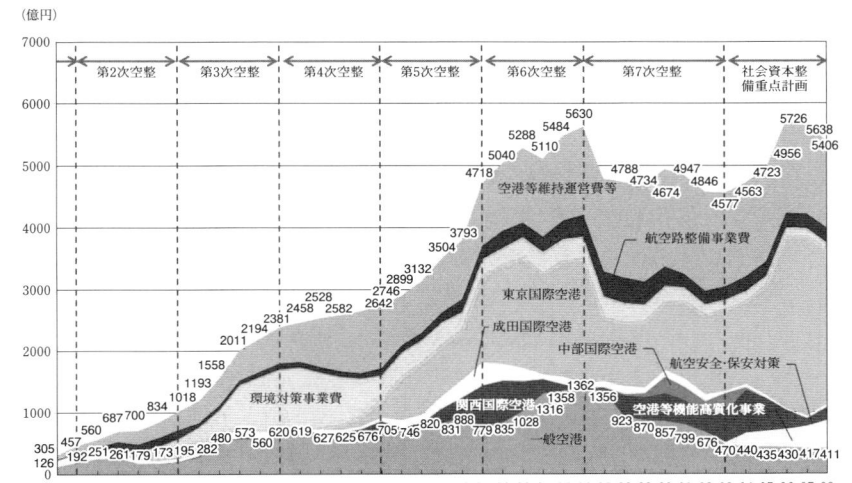

図 3.1 空港整備事業歳出額（国費分）の推移（国土交通省資料および『数字でみる航空』（航空振興財団）を基に作成）

9200 億円の予算のうち環境対策費が 3050 億円と 33% を占めた．さらに，第4次空整計画（1981–1985 年度）でも，1 兆 7100 億円の予算の 3 割に当たる 5100 億円が環境対策費に充てられた．

一方で，国際民間航空機関（ICAO）の定める航空機騒音証明制度に基づき，1975 年には，騒音基準適合証明制度が発足し（現在は，耐空証明に一本化），これにより，航空機の機体側の改良促進が図られた．また，夜間の発着制限や騒音を軽減する運航方式の導入等の対策も講じられ，騒音問題は鎮静化していった．

(b) 三大プロジェクトの推進（1986–1995 年度）

騒音問題が落ち着きを見せつつあった 1980 年代前半，羽田空港の発着処理能力は限界に達していた．羽田空港の発着処理能力は，すでに 1970 年代初めの時点で限界と言われており，そのため 1970 年に成田空港の建設が着工された．しかしながら，周辺住民や極左暴力団体等の激しい反対に合い，滑走路 1 本で開港にこぎつけたのは 1978 年 5 月であった．成田空港の開港により，羽田空港の処理能力は一時的に若干の余裕が生じたが，すぐにまた限界に達

してしまった．そこで，羽田空港の拡張を図るため，1983年2月に沖合展開事業の整備基本計画が決定された．沖合展開事業は，首都圏における航空交通の拠点としての羽田空港の機能を確保しつつ，騒音問題の解決を図る必要から，東方の海面を埋め立てて空港の拡張・移設を行う大規模な事業であった．この財源を確保するため，1986年に空港整備特別会計に初めて財政投融資による長期借り入れが導入され，同会計の予算額が飛躍的に増大した．沖合展開事業は，1988年に新A滑走路が供用開始されてから最終的に第2旅客ターミナルが供用開始される2007年まで続いた．この結果，第5次空整計画（1986–1990年度）から羽田関係予算が増大し，維持運営費等を除く空港整備費の大半が羽田空港につぎ込まれている（図3.1）．

さらに，第5次空整計画および第6次空整計画（1991–1995年度）では，関西国際空港（関空）の建設および成田空港の建設も本格化した．羽田の沖合展開と併せて，これらは三大プロジェクトと呼ばれた．

関空については，1960年代後半から伊丹空港に代わる関西地区の国際空港建設の必要性が唱えられ，1968年には，当時の運輸省が神戸沖，淡路島，泉南等の8ヵ所の候補地を対象とする調査を開始した．しかし神戸市等が新空港設置に反対し，1974年の航空審議会より泉州沖が最適である旨の答申が出された．また，その際，大阪空港（伊丹）の廃止を前提として，位置および規模が定められた．これを受け，1981年に運輸省から大阪府，兵庫県，和歌山県に対して，「関西国際空港の計画案」「関西国際空港の環境影響評価案」「関西国際空港の立地に伴う地域整備の考え方」（いわゆる3点セット）が提示され，各府県の同意を得て，1984年に関西国際空港株式会社が設立された．工事は，1987年に着手され，1994年9月に3500mの滑走路1本で開港された．

また，成田空港でも，滑走路1本の変則運用から本格的な国際空港への転換が必須であった．1986年11月に将来のエプロン予定地等の造成工事（二期工事）が着手され，1988年11月には第2旅客ターミナルビルの建設が開始された．

(c) 拠点空港の強化（**1996–2002年度**）

第5次・第6次空整計画で三大プロジェクトが進められた後も，拠点空港の強化が続いた．成田空港では，成田空港円卓会議や成田空港地域共生委員会等が設置され，地元住民への理解を求めるための努力が続けられた結果，

1999 年 12 月には暫定平行滑走路の工事が着手され，ワールドカップ・サッカー日韓共同開催直前の 2002 年 4 月に 2180 m で供用開始となった．暫定平行滑走路は，2009 年 10 月には 2500 m まで延長されたうえで，新たに B 滑走路として供用が開始され，さらに，2010 年 3 月からは，発着処理能力がそれまでの年 20 万回から 22 万回に増大した．また，後述するように，アジアにおける国際空港間の競争が激化しており，さらに，羽田空港も再拡張・再国際化が図られるなかで，成田空港についても処理能力の更なる増加が検討された．その結果，同時平行離着陸方式を導入したうえで，誘導路の改善や駐機場の増設等を行い，2014 年度以降に 30 万回まで拡張することで地元合意がなされている．

また，関空については，開港の翌年（1995 年）には，二期工事着工について予算化がなされ，1999 年に着工した．しかしながら，一期工事の莫大な有利子負債の利払いによって関西国際空港株式会社の経営が圧迫されていたことから，二期供用開始を先送りしたい大蔵省（当時）と早期供用開始をめざす運輸省（当時）との間で，せめぎ合いが繰り返されていた．最終的には，地元の強い要請を受け，財務・国土交通両大臣間で 2007 年の供用開始について合意がされ，2007 年 8 月に 4000 m の第二滑走路が供用開始となった．

一方，羽田空港については，沖合展開事業が終息に向かいつつあったものの，規制緩和を機に，さらなる容量不足が焦眉の課題となった．それまでの航空法は，事業の参入については路線ごとの免許制であり，実質的には緩和をしつつも，政府が需給調整規制を行っていた．また，運賃についても，認可制となっていた．しかし，2000 年に航空法が改正されて，需給調整規制の撤廃と運賃の自由化が実現すると，競争が激化して運賃が低廉化し，各航空企業は羽田空港を中心とする高需要の幹線ルートに資源を集中するようになった．その結果，国内航空交通の 65% 以上が羽田空港に集中し，羽田空港の処理能力が限界に近づいた．そこで，2000 年 12 月に首都圏第三空港調査検討会が設置され，羽田空港の再拡張案と他の候補地について検討がなされた．その結果，羽田空港再拡張を優先して推進することが適当との結論が得られたため，国土交通省は 2001 年 12 月に「羽田空港の再拡張に関する基本的な考え方」を決定した．さらに，2002 年 6 月の「経済財政運営と構造改革に関する基本方針 2002」では，「財源について関係府省で見通しをつけたうえで，

国土交通省は，羽田空港を再拡張し，2000年代後半までに国際定期便の就航を図る」ことが謳われ，閣議決定された．これを受け，再拡張事業では，滑走路整備事業費の約2割程度について，関係地方公共団体が無利子貸付で協力を行い，残りは，国費と財政投融資を概ね5:3の比率で手当てするという新たな財源スキームが採用された．また，国際線地区の旅客ターミナルビル等については，PFI手法により整備することとなった．そして，2010年10月にD滑走路（2500 m）と国際線旅客ターミナルビルが供用開始となり，発着処理能力がそれまでの年間30.3万回から段階的に44.7万回まで拡大されることとなった．また，32年ぶりに羽田空港に国際線（昼間3万回・深夜早朝3万回の計6万回）が就航することとなった．羽田空港については今後国際線枠を9万回（昼間6万回・深夜早朝3万回）まで増やすこととなったため，国際旅客ターミナルビルやエプロンの拡張に着手しているほか，深夜早朝時間帯に就航する長距離の国際線に対応するため，C滑走路の延伸事業も進めることとなっている．

この他，第7次空整計画には，1985年から検討が開始されていた中部空港の事業の推進についても盛り込まれた．計画では，事業着手に当たっては，名古屋空港における国内・国際定期航空路線を中部国際空港に一元化することが前提とされた．中部国際空港は，2005年2月に3500 mの滑走路1本で開港し，これに併せて名古屋空港は県営名古屋空港（その他空港）としてコミューターを中心に運営されることとなった．

ここに，拠点空港の整備はほぼ終了となり，空港政策は転換期を迎えることとなった．

3.1.3 政策転換：整備から運営へ

以上のように，わが国の空港整備は，ジェット化対応から三大プロジェクト，拠点空港整備と進み，一方で離島空港や地方空港の整備も実施された結果，当面必要な空港はほぼ整備されたと言える．このため，空港政策もそれまでの整備一辺倒から転換を迫られることとなった．2008年6月に空港整備法が改正され，新たに空港法が成立すると，それまでの空港の種別が見直され，現行のものに改められるとともに，空港政策の重点が，整備から運営へと大きくシフトすることとなった．空港法第3条第1項に基づき策定された

「空港の設置及び管理に関する基本方針」では,「空港整備は,配置的側面から見れば概成したものと考えられる.(中略) 空港政策の重点が「整備」から「運営」にシフトし既存ストックを最大限活用することを基本とするなかで(後略)」として明確に政策転換を謳っている.こうした政策転換に伴い,今後は既存の空港をいかに効率的に運用するかが重要な課題となっている.

3.2 最近の動向

これまで見てきたとおり,空港政策は大きな転換期を迎えており,その背景には,わが国の空港の国際的競争力の低下がある.アジアで相次いで大規模空港が建設され,アジアにおけるいわゆる国際ハブ空港間の競争が激化している他,欧州を中心に空港の民営化が進展しており,わが国の空港も世界の趨勢に取り残されないようにする必要がある.そこで,以下でアジアの大規模国際空港の台頭と海外の空港民営化の進展について紹介したうえで,わが国の空港に関する中長期的政策方針について述べることとしたい.

3.2.1 アジアの大規模国際空港の台頭

表3.3は,世界の国際旅客取扱人数と国際貨物取扱量の上位15空港の推移を示している.成田空港は,国際旅客取扱数では,2010年に仁川空港に抜かれ,また,国際貨物取扱量も,2008年には香港,仁川に次いで3位であったが,2009年にはドバイに抜かれて4位,2010年にはさらに上海の浦東空港にも抜かれて7位となっており,国際空港としての地位の低下は否めない.これは,世界経済における日本の地位の低下等のマクロ経済的な要因も大きいと考えられるが,やはり,空港インフラの整備状況や空港アクセスといった空港の利便性に起因する部分も依然として重要である.

これに対して,アジア地域では大規模空港の整備が急速に進んでおり,韓国・中国では,3500〜4000m級の滑走路を複数有する大規模空港の整備が進められている(図3.2).一方,わが国では,関空は3500m,4000mの2本の滑走路を有する24時間空港であるが,羽田はC滑走路の延伸が行われてようやく3360mとなる予定であり,成田は4000mのA滑走路と2500mのB滑走路のみである.しかも,成田のA滑走路は,これまでは未買収地の問題

表 3.3 世界の国際旅客・貨物取扱上位 15 空港（航空統計要覧を基に作成）

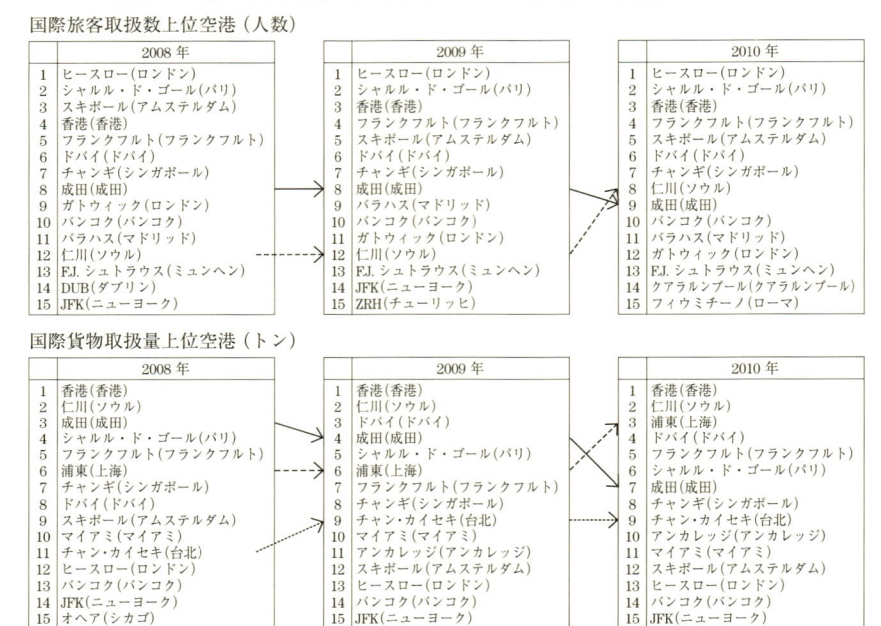

国際旅客取扱数上位空港（人数）

	2008 年
1	ヒースロー（ロンドン）
2	シャルル・ド・ゴール（パリ）
3	スキポール（アムステルダム）
4	香港（香港）
5	フランクフルト（フランクフルト）
6	ドバイ（ドバイ）
7	チャンギ（シンガポール）
8	成田（成田）
9	ガトウィック（ロンドン）
10	バンコク（バンコク）
11	バラハス（マドリッド）
12	仁川（ソウル）
13	F.J. シュトラウス（ミュンヘン）
14	DUB（ダブリン）
15	JFK（ニューヨーク）

	2009 年
1	ヒースロー（ロンドン）
2	シャルル・ド・ゴール（パリ）
3	香港（香港）
4	フランクフルト（フランクフルト）
5	スキポール（アムステルダム）
6	ドバイ（ドバイ）
7	チャンギ（シンガポール）
8	成田（成田）
9	バラハス（マドリッド）
10	バンコク（バンコク）
11	ガトウィック（ロンドン）
12	仁川（ソウル）
13	F.J. シュトラウス（ミュンヘン）
14	JFK（ニューヨーク）
15	ZRH（チューリッヒ）

	2010 年
1	ヒースロー（ロンドン）
2	シャルル・ド・ゴール（パリ）
3	香港（香港）
4	フランクフルト（フランクフルト）
5	スキポール（アムステルダム）
6	ドバイ（ドバイ）
7	チャンギ（シンガポール）
8	仁川（ソウル）
9	成田（成田）
10	バンコク（バンコク）
11	バラハス（マドリッド）
12	ガトウィック（ロンドン）
13	F.J. シュトラウス（ミュンヘン）
14	クアラルンプール（クアラルンプール）
15	フィウミチーノ（ローマ）

国際貨物取扱量上位空港（トン）

	2008 年
1	香港（香港）
2	仁川（ソウル）
3	成田（成田）
4	シャルル・ド・ゴール（パリ）
5	フランクフルト（フランクフルト）
6	浦東（上海）
7	チャンギ（シンガポール）
8	ドバイ（ドバイ）
9	スキポール（アムステルダム）
10	マイアミ（マイアミ）
11	チャン・カイセキ（台北）
12	ヒースロー（ロンドン）
13	バンコク（バンコク）
14	JFK（ニューヨーク）
15	オヘア（シカゴ）

	2009 年
1	香港（香港）
2	仁川（ソウル）
3	ドバイ（ドバイ）
4	成田（成田）
5	シャルル・ド・ゴール（パリ）
6	浦東（上海）
7	フランクフルト（フランクフルト）
8	チャンギ（シンガポール）
9	チャン・カイセキ（台北）
10	マイアミ（マイアミ）
11	アンカレッジ（アンカレッジ）
12	スキポール（アムステルダム）
13	ヒースロー（ロンドン）
14	バンコク（バンコク）
15	JFK（ニューヨーク）

	2010 年
1	香港（香港）
2	仁川（ソウル）
3	浦東（上海）
4	ドバイ（ドバイ）
5	フランクフルト（フランクフルト）
6	シャルル・ド・ゴール（パリ）
7	成田（成田）
8	チャンギ（シンガポール）
9	チャン・カイセキ（台北）
10	アンカレッジ（アンカレッジ）
11	マイアミ（マイアミ）
12	スキポール（アムステルダム）
13	ヒースロー（ロンドン）
14	バンコク（バンコク）
15	JFK（ニューヨーク）

により，南側から着陸する場合は，実質 3250 m の運用を行ってきた．2012 年度にはこの問題が解消される予定だが，それでも，周辺のアジア諸国の大規模空港に比べると見劣り感がするのは否めない．

このため，2008 年には，成田・羽田の首都圏空港の国際線の運用を一体的に活用することで，国際航空機能の強化を図る方針が示された．これは，騒音問題により閉鎖されている成田空港の深夜早朝時間帯に羽田空港において国際定期便を就航させるという両空港の連携リレーにより，首都圏空港一体として国際航空機能の 24 時間化を実現しようとするものであった．また，先述のとおり，羽田空港で計 9 万回，成田空港で 2 万回の国際定期便を増枠することとなり，首都圏空港の発着枠は，2008 年当時（50.3 万回）と比べると 2014 年度以降は 74.7 万回と約 1.5 倍に増えることとなった（図 3.3）．これは，現行の成田の発着回数を上回る容量増加となる．

3.2 最近の動向　135

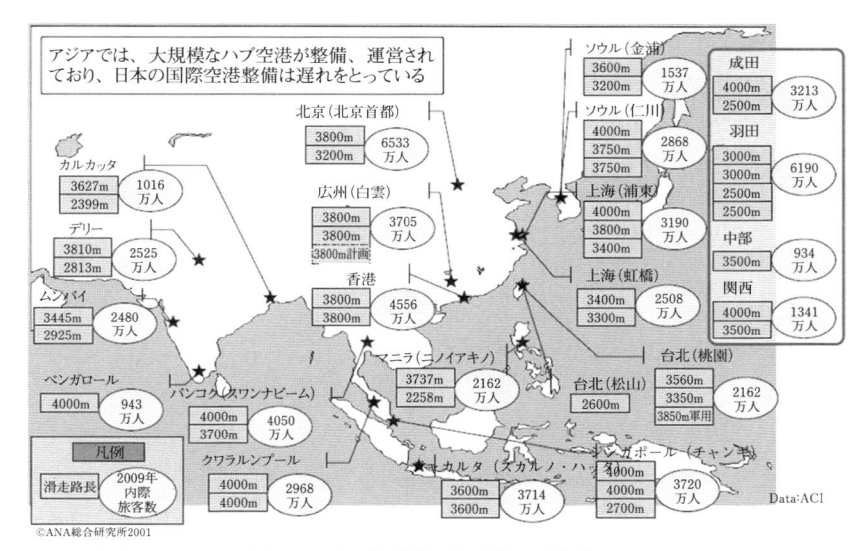

図 3.2 アジア諸国における大規模国際空港の整備状況（国土交通省資料）

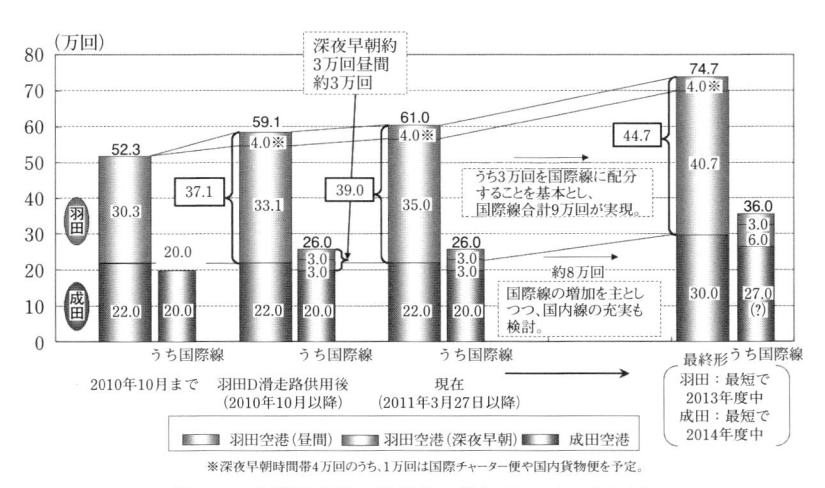

図 3.3 首都圏空港の発着枠の増加（国土交通省資料）

3.2.2 海外の空港民営化の進展

空港のいわゆる民営化については，英国のヒースローなど当時7つの空港を所有する英国空港公団（BAA）が1986年に株式会社化されたことが最初とされる．BAAの株式は翌年に上場・売却され，2003年までに政府の持ち分はゼロとなった．その後，豪州において，1997年メルボルン空港等がコンセッション（長期の運営権の設定）方式で民間事業会社の運営に委ねられた．大陸ヨーロッパでもドイツのフランクフルト空港が2001年に株式会社化（自治体も30%程度保有），フランスのシャルル・ド・ゴール空港が2005年にそれぞれ株式会社化（中央政府が60%程度所有）された．

アジアでも，シンガポールのチャンギ空港が政府（航空局）の所有から2009年に株式会社化（政府100%所有）され，韓国の仁川空港他でも公社を株式会社化することが検討されている．

他方，航空産業の規制緩和で世界をリードした米国では，ニューヨークのJ.F.ケネディ空港，シカゴのオヘア空港等の主要空港は，自治体か公社（ポートオーソリティ）が所有・管理しており，民営化は進展していない．これは，自治体等の所有のままでも，自治体債等により資本市場からの資金調達が可能であること，空港と密接な関係にある航空会社が，民営化した空港の収入が他に利用されることに消極的であることといった米国固有の事情が原因であるといわれている．

わが国でも，株式会社が設置管理する形態の関西国際空港が1994年に開港し（当初国が約67%，自治体が33%所有），中部国際空港も株式会社が設置管理する空港として2005年に開港（国が40%，自治体が10%所有）した．成田空港は2004年に公団から株式会社化（国100%所有）されている．いずれの例も旅客ターミナルビルに加え滑走路等の施設も株式会社が所有している．

このように，「民営化」といってもその具体的な内容は，株式の売却の程度（政府の持ち分の程度）のほか，株式会社が滑走路等も所有するかリースを受けるだけかなど多くの形態があり，さらに，どの空港が対象となるかなどについても開港時期や経緯等から各国で相当異なることに注意が必要である．

また近年は，経済のグローバル化を反映してか，フランクフルト空港やチャンギ空港のように，中南米，アジア，中東地域の空港にも出資し運営を受託するグローバルオペレーターと呼ばれる例も増えている．羽田の空港ビルに

出資して注目を集めたマッコーリや，ロンドン・シティ空港を所有するGIP等の投資ファンドは，各国の投資家から集めた資金を他国の空港等にも投資しており，グローバルなインフラファンドと言われている．

空港の所有形態（中央・地方の政府，公団等の公的法人，株式会社他）によりその運営の効率性に差異が生じるか否かについては，政策的に重要な問題である．民営化すると運営の効率性が向上するとの主張は，公的な所有形態のままでは独占的で競争環境がなく効率化のインセンティブが乏しいこと，地域振興等の目的が政策的に設けられ運営の目標が効率性に絞られないこと，議会等の統治機構による硬直的な意思決定が必要であることなどを理由としている．

他方，これまでの実証研究によれば，上記の主張を肯定する結果と否定する結果があり，少なくとも明確には決着していないと思われる．BAAの民営化前後についても，効率性が上がったとする報告と下がったとする報告がある．また，世界の国際空港を比較し，100%民間が株式を所有する空港が最も効率的としつつも，シンガポールのチャンギ空港や韓国の仁川空港等を代表とする政府等の100%所有の空港（調査時点）は，株式会社化しても民間が多数を所有しない他の国際空港と比べて運営がより効率的とする研究もある．

また，空港が株式会社化される理由としては，効率性向上と併せて，株式売却益の獲得（または赤字財政支援の終息），投資資金の公的資金依存を脱却し，地元企業や資本市場から直接調達できるようにすることなど財政的，資金的な要因も存在することにも注意が必要である．

3.2.3　国土交通省成長戦略と空港運営のあり方に関する検討委員会

こうしたなかで，わが国の空港の競争力を高めるため，空港政策を含む航空政策全体についての大方針が示された．それが2010年5月の国土交通省成長戦略である．国土交通省成長戦略では，オープンスカイの推進や首都圏空港の強化等の改革の方向性を示しており，空港政策のあり方に関係するものとしては，①バランスシート改善による関空の積極的強化，と②民間の知恵と資金を活用した空港経営の抜本的効率化，がある．

このうち，①については，空港島の造成等に起因する1.3兆円超の有利子債務を抱え，政府補給金に依存して運営を行う関西空港の運営を抜本的に強

化することが目的であった．そのため，2011年施行の新法によりこの施策を具体化し，伊丹空港を民営化して関西国際空港と一体的に管理運営を行う新関西空港株式会社を設立し，民間の事業者への運営権の設定（コンセッション）を通じて関西国際空港の債務の早期かつ確実な返済を図ることとした．これにより，民間事業者からのコンセッションの対価収入により債務の一部を償還してバランスシートを改善し，民営化した伊丹空港から新たに生み出されるキャッシュフローにより全体の事業価値を高めて，LCC（ローコスト・キャリア，第2章参照）誘致のための着陸料の低減等の前向きな投資を行い，関西国際空港の競争力を高めることが期待されている．

また，それ以外のわが国の空港についても，過去の財政制約等から，滑走路等の基本施設と旅客ターミナルビルとで運営主体が別（いわゆる上下分離）という複雑な形態となっている点が際立った特徴とされている．こうした構造により，旅客ターミナルビルにおける収益が着陸料の低減のため利用されにくいと指摘されている．また，国管理空港は，国により一括管理されて経理も国全体（空港整備勘定）で行われており，個別空港ごとに地域の視点や経営の効率化等のインセンティブが十分に働かないとされている．

こうした問題に対応するため，②を具体化し，国管理空港の運営の抜本的効率化を図るための政策を検討する目的で設置されたのが，「空港運営のあり方に関する検討委員会」である．同委員会は，2011年7月に新たな施策に関する報告書をまとめた．その主な内容は，①航空系と非航空系事業の経営一体化（滑走路等の基本施設と旅客ターミナルビル等の一体経営），②民間の知恵と資金の導入とプロの経営者による空港運営の実現（土地所有を国に留保しつつ，運営委託を行うコンセッションの導入），③空港経営に関する意見の公募と地域の視点の取り込み（投資家や既存の事業者から運営形態や経営手法についてマーケット・サウンディングを行って具体的な制度を設計），④プロセス推進のための民間の専門的知識・経験の活用（契約交渉ノウハウ，価格・事業評価他の専門知識の活用），となっている．

手続き等に関する③および④については，空港ごとに2012年から本格的に作業が開始され，個別の検討が進むこととなっている．また，実質的な内容に関する①および②については，実施するための枠組みを整備するため，2012年に国管理空港に関する運営権の設定等を内容とする法律が国会に提出され

た．これら施策の実施により，国管理空港が個別空港ごとに地域に根差して運営され，民間の能力を活用して滑走路と空港ビルを一体的に運営して着陸料を低減して航空会社の就航を促すことが期待されている．

3.2.4 今後の課題

関西空港および国管理空港に関する上記の施策は，各空港がそれぞれ自立し，地域において空港の果たす経済的，社会的な役割をより反映しやすくするとともに，民間資本へのアクセスを可能としつつ新たな経営手法等を取り入れ，航空会社との間で建設的な関係を構築する可能性をもたらすものとして評価される．他方，資金調達の観点からは，株式会社化により調達金利コストが上昇する可能性もあり，効率化によるコスト低減がその上昇分を上回ることが社会的な厚生の向上の観点から必要となろう．

民営化による効率性向上に関する前述の研究状況は，民営化するか否かという単純な括りを超えて，その具体的な施策内容に関するよりきめ細かい検討が必要であることを示唆している．外国の民営化については，過大な需要予測や市場環境の変化により失敗とされる例も存在する．空港の特性として，投資額が相当額に上り，その回収には10年以上の長期の期間が必要であり，経済環境の変化など予測等を誤る可能性もある．実際の施策を推進するに当たっては，こうした事情をよく理解し，個別空港ごとに，後背地の需要規模とその特性，複数空港が競合する地域か否かなどの競争環境，空港としての財務状況（特に羽田空港における空港建設に伴う債務の存在）など個別の特性を踏まえつつ，マーケット・サウンディングなどの手続を通じ十分に検討・評価して，株式会社化，コンセッション，株式売却などの具体的な施策を選定することが重要である．

また，東日本大震災後においては，被災地域の復興拠点として空港の果たす役割も改めて注目されている．地方の空港に関する検討にあたっては，地域に果たす空港の社会的な役割も加味しつつ，関係者の意見も十分に踏まえて，運営改革を進めることが必要と考えられる．

✈ ── トピック7　能登空港の搭乗率保証契約 ── ✈

　空港の民営化・自立化が検討され，LCCの本格的展開も予定されるなか，空港・航空会社双方が路線収入の変動リスクをコントロールすることが重要になる．この点で有益な示唆が得られるのが，能登空港の「搭乗率保証契約」である．能登空港を管理する石川県側と能登＝羽田路線1日2便を運航する全日空グループとが当該路線の搭乗率に目標を設定し，実績の搭乗率が当該目標を下回ると空港が航空会社に，逆の場合には航空会社が空港に一定の支払いを行うことを契約している（図）．2003年の開港時に契約が締結されて以降，目標を上回る搭乗率が達成され，最初の3年間は航空会社から空港へ支払いがなされた（表）．こうして開港当初の2便が継続されている（2012年2月末現在）．このケースは，空港側からの直接の財政支援なくネットワークを維持できている成功例として有名である．

　空港と航空会社は，着陸料の支払いでは利害が対立する関係にあるが，双方が空港の路線の利用者に対して共同で輸送サービスを提供する関係にもある．当該契約は，空港も収益変動のリスクを共有することで航空会社に就航をコミットさせると同時に，目標搭乗率とそれに連動する契約上の支払いを適切に設計することで双方に（運賃の一部支援や乗継改善等からなる多くの）努力を促して利用者への魅力を高め需要を増加させて増収分を両者に配分することを可能としている．本契約は，空港と航空会社間の密接な関係を活かして利用者の利便性も高めており，新しい時代にふさわしいリスク管理とインセンティブ設計のツールの1つとして注目される[1]．

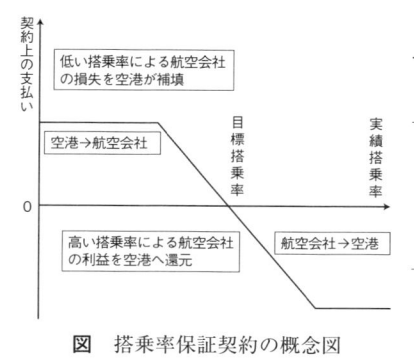

図　搭乗率保証契約の概念図

表　能登空港での実際の経過

年	目標搭乗率	実績搭乗率	支払い（万円）
2003	70%	79.5%	−9,733
2004	63%	64.6%	−1,598
2005	64%	66.5%	−2,000
2006〜	62%	65.1%	0

注）2006年以降は，目標搭乗率±4%の範囲に実績搭乗率が収まると支払いはゼロとする内容となっている．

---

1)　詳しくは，日原勝也「能登空港の「搭乗率保証制度」のペイオフに関する計量分析について」交通学研究（2008）他を参照．

第4章 航空交通システム

　航空機が運航するうえで，空港と並び重要なインフラとなるのが航空交通システムである．航空機が衝突せず安全に運航するためには航空管制業務が不可欠であり，航空輸送量が増加するに伴い，それを支える航空交通システムも飛躍的に高度化しつつある．本章では，航空交通システムの発展の歴史と概要，航空管制業務の仕組み，空の混雑を回避するための航空交通管理等について，衛星航法といった最新の動向も含めて概説する．また，欧米やわが国で策定されている次世代航空交通システムの中長期計画についても紹介する．

4.1　航空交通管制と航空交通管理

　航空交通管制とは，航空管制官が飛行中または地上走行中の航空機を監視して他の航空機や障害物との衝突を防ぎつつ円滑な航空交通流を維持するとともに，気象状況や交通状況等の情報を航空機に提供する業務のことで，一般に「航空管制」と呼ばれる．

　航空が高速，大量輸送手段として発達するにつれ，航空管制とそれを支える通信・航法・監視技術等からなる航空交通システムが構築されてきた．近年航空交通量の増加は世界的に著しく，従来の航空交通システムではサービスレベルの維持が困難になる，との認識から新しい航空交通システムの確立が世界的に重要な課題となっている．このため，従来の航空管制を拡大した航空交通管理（ATM: Air Traffic Management）が導入されるようになった．

　本節では，まず航空管制の歴史を概説する．次いで，航空機の飛行方式および航空管制の基本となっている航空交通業務について紹介し，航空交通業務を支援する管制情報処理システムについて述べる．また，航空交通流を円滑化し混雑を緩和するため導入された航空交通管理業務について説明する．

4.1.1 航空管制の歴史

1903年のライト兄弟による初飛行成功以来，航空機の利便性が認識されてきた1910年代，1920年代まで飛行はパイロットの目視に依存していたことから，夜間や悪天候時の飛行は困難であった．また，航空機の増加に伴い飛行場付近では複数の航空機の離着陸に際して交通整理が必要となってきた．航空管制はこれらの課題解決をめざす過程で始まった．まず，1930年代に米国では航空路に沿ってレンジビーコンと呼ばれる無線航路標識が設置され，航空機はこれからの電波を受信しながら飛行することで出発地から目的地まで目視に頼らず飛行できるようになった．また，同じ時期に米国の航空会社は無線電話による自社機の運航の管理を始めた．当初この業務は航空会社ごとに行われていたが，1935年には業務が集約され，ニューヨーク，シカゴおよびクリーブランドにATCC (Airway Traffic Control Center) が設立されて，各航空会社が運航する航空機の飛行位置の一括表示やそれぞれの航空機の運航情報を一元的に管理する業務が開始された．この方法は航空事故や航空機の衝突防止にきわめて効果的であったことから，米国政府はこのATCCを米国内に増設し，政府機関の業務として飛行管理を開始した．これが現在の航空管制業務の原型と言える．第二次世界大戦を通して航空機の性能は大幅に向上し，航空用通信，航法，監視技術も大幅に進歩した．戦後の航空機の性能向上の典型例として，ジェット旅客機の出現がある．一方，通信，航法，監視については，VHF (Very High Frequency) 無線電話の導入による高品位通信，VHF無線標識の開発に伴う精度の高い方位と距離情報の取得，そしてレーダーによる精度の高い航空機の監視などが始まった．

1944年，航空は今後世界を結ぶ主要交通機関になるとの見通しから，世界52ヵ国の代表が米国シカゴに集まり国際民間航空条約（シカゴ条約）が署名され，1947年に発効した (2.2節参照)．この条約には航空従事者の免許，航空図，航空機の耐空性，飛行場等18項目にわたる国際民間航空の基本的ルールを定めた附属書が添付され，その1項目として「航空管制業務」が含まれている．シカゴ条約の締結国は，この条約で規定された方式で飛行することにより世界共通の運航が可能となった．わが国は，1953年の国際連合への加盟と同時にこの国際民間航空条約の締結国となり，世界と共通の航空管制を始めるきっかけとなった．

わが国の実質的な航空管制は 1945 年の敗戦後から始まった．当初わが国の航空管制は米軍の航空通信サービス部隊により実施されたが，1952 年からは日本人航空管制官の養成が始まった．1955 年には日本人航空管制官による飛行場管制業務が宮崎空港で提供されるようになり，その後全国主要空港の管制業務がわが国の管制官により実施されるようになった．また，1959 年にはわが国の航空路管制業務が米軍からわが国の東京航空交通管制本部に移管され，1966 年には札幌および福岡に航空交通管制部が設置された．さらに，1972 年の沖縄返還に伴い那覇にも航空交通管制部が設置され，現在のわが国における航空交通管制の枠組みが整った[1]．

航空管制業務の枠組み整備に並行して航空機のジェット化，大型化が進み，航空旅客数は 1955 年の年間 30 万人から 1965 年には 517 万人と著しく増加した．しかしながら，1966 年には全日空の B727 型機の東京湾墜落，カナダ太平洋航空の DC8 型機の羽田空港での着陸炎上など 4 件の航空機事故が連続して発生し，1971 年にも 2 件の航空機事故が発生したことから，運輸省航空局（当時）はわが国の航空管制システムの抜本的見直しを行い，航行援助用無線標識の増設による航空路複線化，航空路および空港監視レーダーの増設による航空交通監視の強化，および管制情報処理システムの導入，遠隔対空通信施設の整備等を行った．また，1990 年代からは成田空港の運用開始，羽田空港の拡張および関西空港の開港のいわゆる「空港三大プロジェクト」（3.1 節参照）が進み，わが国の航空交通の基盤が整った．

4.1.2 航空機の飛行と航空交通業務[2]

航空機の飛行方式には計器飛行方式と有視界飛行方式とがあり，それらの概要は以下のとおりである．

- 計器飛行方式：一般に IFR（Instrument Flight Rules）と呼ばれ，常に航空管制官の指示，助言に従いつつ飛行する方式である．この方式では離着陸時を除いて気象条件等の影響を受けず，計器の指示に従って飛行することができる．これは，計器飛行する航空機では他の計器飛行する航空

---

1) 航空交通管制協会編：航空管制入門，航空交通管制協会，2010．
2) AIM-Japan 編纂協会：*Aeronautical Information Manual Japan*，2011 年前期版，日本航空機操縦士協会，2011．

機や周辺障害物等との間隔が管制官により常に保証されているためである．したがって，気象条件等の影響を受けない飛行が求められる定期便の航空機の大部分はこの飛行方式で運航されている．
- 有視界飛行方式：一般にVFR (Visual Flight Rules) と呼ばれ，パイロットが目視で他の航空機や周辺障害物および雲などとの間隔を保ちつつ飛行する方式である．この方式では離着陸時，飛行中とも常に気象状態の制約を受け，定められた有視界気象状態 (VMC: Visual Meteorological Conditions) のもとでのみ飛行できる．一方，VFR飛行では一般にその飛行経路，高度，速度などについて管制上の制約を受けることはなく，警備救難のための飛行，救急患者の病院への搬送および写真撮影など小型機やヘリコプターによる非定期的な飛行においてこの方式が使われることが多い．ただし，有視界飛行方式においても後述する管制圏内などの飛行は管制官の許可を必要とし，飛行方法について指示を受けた場合はそれに従う必要がある．

出発空港から目的空港までの飛行の流れは計器飛行方式と有視界方式とでは少し異なるが，おおむね以下のようになる．

(1) 飛行計画の作成，提出：飛行に先立ち機長または当該飛行を提供する航空会社は飛行計画を作成し，管制機関に提出する．この計画には航空機番号，出発空港，目的空港，飛行予定高度，出発・到着予定時間ほか，航空管制を行うために必要な情報が含まれている．管制機関からは飛行経路上の気象情報など飛行に参考となる情報を得ることができる．

(2) 離陸，上昇，巡航：離陸準備が整ったら機長は管制機関に離陸許可を申請し，許可とともに使用滑走路番号など必要な情報の提供を受けて地上走行し，離陸する．計器飛行方式では，離陸後巡航高度までの経路，高度等の管制指示を受ける場合がある．なお，計器飛行方式では一般に飛行計画情報が航空機の飛行管理システム (FMS: Flight Management System) に記録され，巡航中は自動的にその計画に沿った飛行を行うことができる．機上と管制機関との通信は常に維持できるよう設定されている．一方，有視界方式では，巡航中機長は適宜管制機関に飛行位置や気象状況等の報告を行いつつ，目視によって目的空港まで飛行する．

(3) 降下，進入，着陸：計器飛行方式の場合，機長は空港への進入許可を

管制機関に申請し，進入の順番等の情報の提供と進入許可とを受けて目的空港に向けて降下，進入する．機長は，滑走路に近づいたら着陸許可を申請し，許可とともに着陸に必要な情報を得て着陸する．一方の有視界方式では，目的空港に近づいたら機長は着陸に必要な情報の提供を管制機関に依頼し，情報の提供を受けた後，空港周辺および滑走路などの状況を目視で確認のうえ進入，着陸する．

(4) 到着後：機長または当該飛行を提供した航空会社から管制機関に対し飛行経路上の状況等の情報の報告を行う．

航空交通業務の内容については国際民間航空条約（シカゴ条約）の附属書に規定されている．日本を含む条約締結国はこの附属書に準拠した法規を各国で定め，それに基づき自国内の航空交通業務を実施している．航空交通業務が行われる範囲は FIR (Flight Information Region: 飛行情報区) と呼ばれる．図4.1 はわが国とその周辺の航空交通業務が行われる範囲である．ここで福岡 FIR がわが国の業務範囲であり，これは札幌，東京，福岡および那覇の各管制区管制所（ACC: Area Control Center）が管轄する空域と福岡にある ATM セ

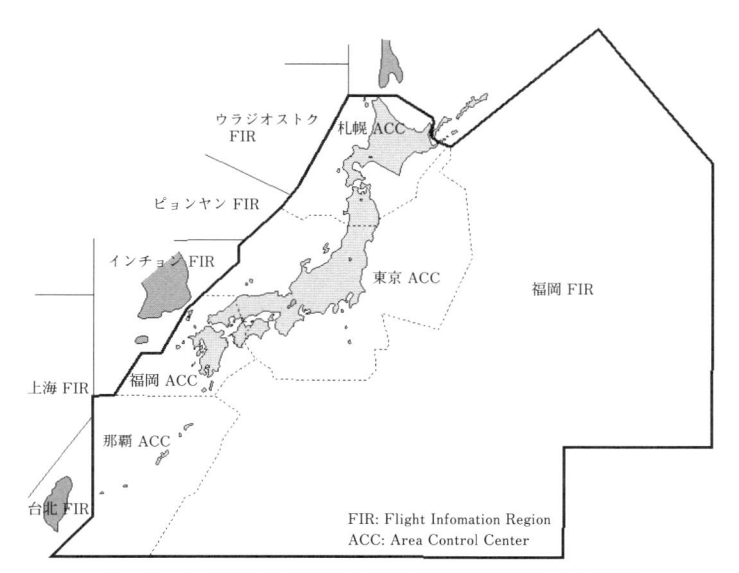

図 4.1 わが国とその周辺の航空交通業務が行われる範囲

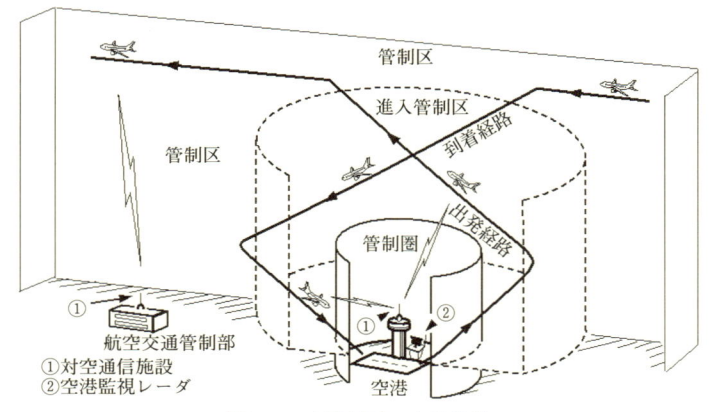

図 4.2 空港付近の空域構造

ンターが管轄する洋上管制区とに分けられる[3]．管制区管制所が管轄する一定高度以上の空域は（航空交通）管制区と呼ばれ，その管制区は「セクター」と呼ばれる空域に細分化されている．各セクターでは数名の管制官のチームにより管制業務が行われる．

航空交通が特に集中し安全確保が重要となる空港付近の空域構造を示したのが図4.2である．空港周辺は「管制圏」，そのまわりの到着経路および出発経路が含まれる空域は進入管制区，それ以外は（航空交通）管制区と呼ばれる．これらに加え，特に混雑する空港付近では許可された場合を除き有視界飛行が禁止されている特別管制区が設定されている．また，日本の空には航空交通情報圏や軍用，民間用訓練空域等も設定されている[4]．

航空交通業務は以下の目的をもって実施される[5]．
(1) 航空機相互間の衝突防止
(2) 航空機と障害物との衝突防止
(3) 航空交通の秩序正しい流れの維持，促進
(4) 安全，効率的飛行に有用な情報の提供と助言

---

3) 国土交通省航空局：航空路誌（AIP-JAPAN），航空振興財団，2011．
4) 国土交通省航空局："管制区等概念図"，国土交通省ホームページ．
 (http://www.mlit.go.jp/koku/15_bf_000341.html)，2012．
5) 航空交通管制協会編，2010，前掲．

(5) 捜索救難を求める航空機に関する情報提供，捜索救難の支援

以上のうち (1)〜(3) が管制業務で，これらを目的とする業務のことを一般に航空交通管制と言う．管制業務の対象は，管制区や管制圏内を計器飛行する航空機，管制圏や特別管制区内を有視界飛行する航空機および管制業務が行われている飛行場内を走行する航空機や車両等である．(4) は飛行情報業務で，気象情報，航行援助施設，飛行場等の運用状況そして交通状況などが提供される．(5) は警急業務と呼ばれる．わが国では航行中の航空機が緊急状態や遭難状態および不法行為を受けた場合などには関係省庁機関で構成される救難調整本部（RCC: Rescue Coordination Center）が組織される．航空交通管制機関は当該航空機の情報収集とその救難調整本部への提供を通して捜索救難を支援する．

管制業務の内容は，その業務が行われる場所や交通状況，対象とする航空機の飛行方式等で異なり，航空路，飛行場，進入，ターミナルレーダーおよび着陸誘導の5管制業務に分類される．まず，航空路管制業務は通常計器飛行する航空機が巡航飛行する範囲などで行われ，わが国では管制区管制所が担当している．飛行場管制は，管制業務が行われている飛行場に離着陸する航空機，その周辺を飛行する航空機および飛行場内の航空機，車両等を対象とする．この業務は通称タワーと呼ばれる飛行場管制所が担当する．進入管制業務は，計器飛行により離陸後の上昇飛行および着陸のための降下飛行をする航空機，およびそれら航空機の近くを計器飛行する航空機を対象とする．この業務は後述するターミナルレーダー管制業務が行われていない空港については管制区管制所が担当する．ターミナルレーダー管制とは，進入管制業務を空港監視レーダー（ASR: Airport Surveillance Radar）を用いて行う場合を言い，空港内のターミナル管制所が担当する．着陸誘導管制業務は，着陸進入する航空機に対して精測進入レーダー（PAR: Precision Approach Radar）を用いて管制官が音声により滑走路まで誘導する業務で，主に計器着陸装置（ILS: Instrument Landing System）を持たない軍用機などを対象とする．この業務は空港内の着陸誘導管制所（GCA: Ground Controlled Approach）が担当する．

4.1.3 管制情報処理システム

管制業務の特徴は，航空管制官が飛行計画等を基に航空機の出発前にその

飛行予定を把握できるようになっていること，飛行中はレーダー情報等を基にその飛行位置を常時確認できるようになっていることである．このような環境を提供しているのが管制情報処理システムである．このシステムは飛行情報管理システム（FDMS: Flight Data Management System），航空路レーダー情報処理システム（RDP: Radar Data Processing system），ターミナルレーダー情報処理システム（ARTS: Automated Radar Terminal System など），洋上管制データ表示システム（ODP: Oceanic Data Processing system），空域管理システム（ASM: Air Space Management system），航空交通流管理システム（ATFM: Air Traffic Flow Management system）等から構成されている[6]．

(1) 飛行情報管理システム：このシステムは飛行前に提出されるすべての飛行計画を検査，分析処理して航空機の便名，型式，出発空港，出発時刻，飛行経路および予定通過地点の通過時間などを含む運航情報を生成する．生成された情報は個々の飛行に関係するすべての管制機関等に配信され，後述するRDPやARTSなどの情報と融合表示される．また，飛行中にその経路や予定通過時間等の変更が生じた場合，運航情報はこのシステムにより適宜更新され，同様に配信される．

(2) 航空路レーダー情報処理システム：航空路監視レーダーから得られる航空機情報を処理し，FDMSからの運航情報との関連づけを行って航空機便名，飛行高度，対地速度等を含む航空機のシンボルを管制区管制所の管制卓等に表示する．

(3) ターミナルレーダー情報処理システム：空港監視レーダーの情報を処理し，FDMSからの運航情報と関連づけてターミナル管制所の管制卓等に表示する．このシステムは特に交通が集中する大規模空港に導入され，複数の方向から空港に進入する航空機を最終進入点到達までに航空管制官が適切な間隔を持つ1つの流れにまとめるための支援機能を持つ．なお，このシステムには羽田空港，関西空港など大規模空港向けのARTSと函館空港，広島空港など中規模空港向けTRAD（Terminal Radar Alfa numeric Display system）がある．

なお，洋上管制データ表示システム，空域管理システムおよび航空交通流

---

6) 蔭山康太：航空管制を支えるシステム，情報処理（情報処理学会誌），2012年10月号（予定）．

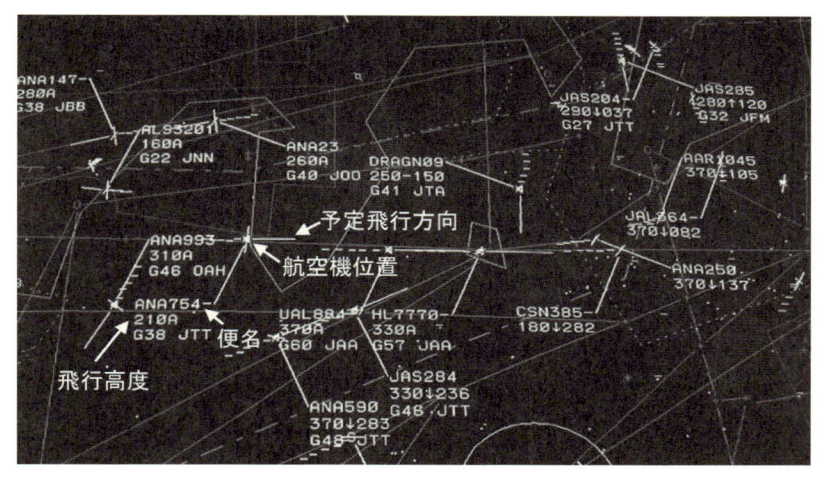

図 4.3 管制情報処理システムによる航空交通流表示例

管理システムについては，4.1.4 項で述べる．

図 4.3 は管制情報処理システムを用いて管制卓上に表示された航空交通流の例である．航空機位置を示す点の近くに航空機の便名および飛行高度，予定飛行方向等が表示されている．さらに，このシステムは将来の異常接近の警報機能等も持っている．すなわち，管制情報処理システムは安全，円滑かつ効率的な航空管制を行うためのきわめて重要な役割を果たしていると言える．

4.1.4 航空管制から航空交通管理へ

航空交通量の増加に伴い，飛行の安全性を維持しつつ交通流を円滑化して混雑を緩和できる運航の実現が従来以上に重要となってきた．この交通流円滑化と混雑緩和のためには，各セクターそれぞれでの航空機間隔の維持だけではなく，飛行できるすべての空域を有効利用して広範囲にわたる大局的な交通管理を行うことが必要との認識が広がってきた．このような管理を航空交通管理（ATM）と呼び，「すべての関係者の協力のもと，継ぎ目のないサービスと施設を用意することにより，動的，統合的な航空交通と空域の管理を安全，経済的かつ効率的に実施すること」と定義されている．航空交通管理には従来の航空管制を中心とする航空交通業務に加え，航空交通流管理

(ATFM: Air Traffic Flow Management), 洋上管理 (Oceanic ATM), 空域管理 (ASM: Air Space Management) 等の概念が含まれている. アメリカ, 欧州ではこうした視点から航空交通管理センターが設置され, わが国でも 2005 年に航空交通管理センターが福岡市に設置され, 現在以下の業務を行っている[7].

(1) 航空交通流管理: 運航者との協調のもと飛行経路や出発時間の調整等により交通需要と空域容量とのバランスを図る業務のことである. この業務では, 従来の航空交通業務と同時に空域容量と航空需要の監視を行って, ある空域で管制処理容量を超える交通量が予想される場合は交通流制御により当該空域への流入交通量を調整する. 交通流制御の方法として①出発予定時刻の制御 (遅らせる), ②経路変更, ③出発間隔指定, ④飛行速度の調整などがあるが, 現在は①が最も頻繁に用いられる. この方法では, 出発機を空港で待機させることにより当該航空機の飛行予定空域の処理容量超えを防ぐことを目指している.

この業務に使われるのが航空交通流管理システム (ATFM) である. ATFM は気象情報のような空域容量に影響を与える情報, 飛行計画およびレーダー情報等航空需要に係わる情報を統合的かつ一元的に収集し, 将来の空域容量と航空交通量とを予測する. この予測結果から航空交通量が空域容量を超過すると予想される場合, 交通流制御を実施する.

(2) 洋上管理: 衛星データリンク等を活用し, 航空交通流管理や後述する空域管理と連携してレーダーの探知外となる洋上空域を飛行する航空機およびその空域担当の管制官にさまざまな情報を提供することにより, 洋上空域の運航の安全と効率を確保する業務である.

この業務に使われるのが洋上管制データ表示システム (ODP) である. このシステムは FDMS で作成される運航情報に基づき飛行予測位置を 30 秒ごとに計算して画面に表示する機能を有する. 電子運航票機能として飛行中または飛行予定の航空機の各種情報の表示とその変更を行うことができる. また, 航空機から衛星を経由して得た ADS-C (Automatic Dependent Surveillance-Contract) や CPDLC (Controller-Pilot Data Link Communication), および HF (High Frequency) 帯無線電話により報告さ

---

7) 木村章: 航空交通管理と ATM センター, SL3, 第 45 回飛行機シンポジウム, 日本航空宇宙学会, 2007.

れる航空機の位置情報を表示する機能を有する．管制支援機能として，航空機相互間または制限空域との異常接近が認められた場合に警告を発する機能や異常接近状態を事前に検出する機能などを備える．
(3) 空域管理：空域の有効利用を目的として空域を利用する関係者間で調整を行い，安全かつ効率的な空域運用を図る業務である．具体的には軍用機の訓練空域において訓練がないとき，関係機関で調整のうえ民間機を飛行させるような柔軟な空域運用が挙げられる．

かつて日本の空域はその利用形態，目的により完全に分離されていた．しかし，近年の交通量の増大から，従来のような空域運用は困難となってきたため，空域を時間により分割して利用する方式が導入された．この方式では，ある利用者が空域を使用していない時間帯に他の利用者のために空域が開放される．このため，空域を利用するすべての関係者が空域の情報を共有し，その利用状況について齟齬のない認識を持つと同時に，空域への誤進入が予測されるような状況においては，それを検出・回避するための支援機能が必要となる．

この支援機能を提供するのが空域管理（ASM）システムである．すなわち，ASMシステムは空域の利用状況や将来の利用計画を可視化し利用者に提供するとともに，従来は電話などにより行っていた関係者間の調整をその他の手段で効率的に実施するようになっている．ASMシステムには，空域利用に関する日本全国のすべての関係者からの要求が一元的に集約されている．特に全国の管制機関と主要な空域利用者である航空会社とは専用線で相互接続され，システム的に情報共有できる構成となっている．

航空交通管理の導入により，空域混雑に伴う到着時間の遅れを減らすことができるようになっている．わが国の航空会社の定時就航率が世界でも最高水準にあるのは，運航関係者の技術の高さとともにATMセンターの業務が適切に機能していることも一因と考えられる．しかし，航空交通流管理のため実施している将来の交通量予想は，気象状況の変化や他の交通状況等の影響を受けやすく，常に精度の高い予想が行えるわけではないことも判明しつつあり，今後のシステムの精度向上が課題となっている．

4.2 通信・航法・監視システム

　通信・航法・監視（CNS: Communication, Navigation and Surveillance）システムは，航空機の安全，円滑かつ効率的な飛行のため欠くことのできない基盤技術である．これらのうち，通信システムは地上の運航関係者と機上のパイロット間での情報の交換と共有を目的とし，最も基本的な装置は無線電話である．航法システムとは航空機が自らの位置，周辺状況等を認識するための支援システムである．初期段階の飛行では，パイロットは地上の河川や海岸線などを目印にしていた（地文航法）ため，悪天候時や夜間の飛行は困難であった．しかし，レンジビーコンと呼ばれる無線航路標識の開発以来，航空機はその標識の電波を利用することで自らの位置を把握，飛行できるようになった．監視システムは地上から航空機の飛行位置を常に確認するための技術で，第二次世界大戦中に開発されたレーダーが最も代表的である．現在も各種レーダーが主要な監視システムとなっているが，ADS（Automatic Dependent Surveillance：自動従属監視）など他の技術も開発，導入が進みつつある．

図 4.4　主な通信（C）・航法（N）・監視（S）システム

図 4.4 は現在世界的に展開，利用されている主な通信・航法・監視システムである．このシステムと航空交通管理システムとによって航空交通システムが構築されている．

本節では，まず現在わが国で採用されている主な CNS システムについて，通信システム，航法システムおよび監視システムの順で紹介する．それらの原理，基本性能，わが国での展開状況などについて解説する．次いで，CNS システムが航空機の運航において果たす役割について述べる．

4.2.1 通信システム

航空用通信システムは，その使用目的によって航空交通業務に係わる通信，航空会社の運航管理や業務用の通信および旅客用公衆通信に大別される．航空用通信には電波が使われ，通信可能範囲や通信品質そしてデジタル通信の場合は通信容量など，その性能は使用する電波の周波数や電力および変調方式等で大きく異なる．このため，たとえば空港内や空港付近，航空路および洋上など地上無線局から大きく離れた空域等ではそれぞれ異なる通信システムが利用されている．

航空通信に使われる電波，目的，システムの性能，特徴および利用範囲等を以下にまとめる．

(1) VHF，UHF 通信装置：VHF（Very High Frequency）通信装置とは，118〜137 MHz 帯の電波を使用し，振幅変調方式（電波の強さを音声の強さおよび周波数に比例するよう変化させることにより音声信号を電波により伝送する方式）により音声通信を行うものである．その主な用途は航空交通業務や航空会社の運航管理，業務通信および航空機相互間の通信である．航空交通業務では，航空管制，航空交通状況や気象状況の提供等のために使用される．運航管理および業務通信は，航空会社の運航管理，整備，業務連絡等のために使用される．一方の UHF（Ultra High Frequency）通信装置は 225〜400 MHz 帯の電波を使い，振幅変調方式により音声通信を行う．UHF 通信装置の主な用途は軍用である．

VHF，UHF 通信装置は一般に通信品質が良好であることから，最も基本的な空地および航空機相互間の通信基盤となっている．これら通信装置の利用範囲は通信装置からの見通し範囲内に限られ，太平洋上など電

波の到達範囲外では利用できない．すなわち，これらの通信は空港内，空港周辺および通信装置またはその中継局などが設置されている航空路周辺で利用される．通信装置の覆域は装置の送信電力，設置高さおよび飛行高度に関係するが，海抜ゼロメートルに設置されたわが国の標準的VHF通信装置と高高度（3万 ft 程度以上）を飛行する航空機間では 200 nm（海里）程度である[8]．2010年現在わが国では 139 ヵ所に通信施設が設置されている[9]．現在，空地の情報交換はほとんど音声により行われているが，今後航空便数が増え通信頻度が高くなると，話中の発生や通話遅れなど通信の利用性が低下すると予想されているため，VDL (VHF Digital Link) などデジタルデータリンクの導入が始まっている．しかし，音声通信は長年にわたり航空機の運航で用いられ信頼性が高く，かつ運用コストも相対的に低いことから，今後も長く使われると予想される．

(2) ACARS: ACARS (Aircraft Communication Addressing and Reporting System) とは VHF 帯，HF (High Frequency: 短波) 帯および衛星通信を利用した空地デジタルデータリンクシステムのことである．音声通信を目的とする前述の VHF，UHF 通信装置と異なり，ACARS は飛行中の航空機の各種情報をデジタル化して地上にダウンリンクしたり，地上の気象情報等をアップリンクしたりするために利用される．ACARS は航空機搭載装置，サービスプロバイダおよび地上処理システムから構成されている．これらのうち，航空機搭載装置は ACARS 送受信機と ACARS 制御装置で構成され，しばしばこれに FMS (Flight Management System) や機上のメンテナンス装置などが接続される．サービスプロバイダは，地対空および空対地データを送付先へ配達するのが役割であり，世界的には ARINC 社，SITA 社などがこの業務を行っている．ACARS 地上処理システムは航空管制機関か航空会社の運航本部に設置されている．このシステムは機上からダウンリンクされてきた飛行情報の処理，表示，関係機関への配信および航空機への送信用データの収集，メッセージ作成，送信等を行う．ACARS の理論上の通信速度は，VDL 上で運用された場合は 31.5 kbps 程度，その他の場合は 2.4 kbps 程度と考えられている．ACARS

---

8) 国土交通省航空局：有効通達距離表，1985, pp. 37-76.
9) 国土交通省航空局監修：数字で見る航空 2010, 航空振興財団，2010.

は，VDLに加え地上無線局の見通し外でも利用できる衛星データリンクやHFデータリンクも通信媒体としているため，ほぼ全地球上で利用できる．

現在ACARSは主に航空会社の航空運航管理（AOC: Aeronautical Operational Control）および航空管理通信（AAC: Aeronautical Administrative Communication）に使われており，航空交通業務（航空管制など）ではあまり使われていない．航空交通業務用のデータリンクとしては，後述するCPDLC（Controller Pilot Data Link Communication）の導入，利用が進みつつある．

(3) CPDLC: CPDLCとはデジタルデータリンクにより，機上のパイロットと航空管制官とが航空交通業務に係わる情報交換を行うための通信システムである．CPDLCでは本来音声で行っている管制許可，メッセージ要求および交通情報の提供等を文字形式で行うことにより，音声通信で生じうる誤解の低減，音声通信時間の削減等，管制官やパイロットの負荷軽減を目指している．CPDLCの通信媒体としてはVDL，静止衛星が使われることが多い．現在，CPDLCは洋上空域での通信手段として利用されており，その理論上の通信速度は31.5 kbps程度である．現在，陸上域の航空路におけるCPDLCの運用が計画され，そのための評価が進められている[10]．なお，CPDLCと前述のACARSとの主な違いは，前者は安全に直結する航空交通業務での使用を目的とすることから，後者に比べ伝送されるデータの堅牢性，エラーチェック機能等が高くなっている点にある．

(4) 衛星通信，衛星データリンク：衛星通信，衛星データリンクは，地上のVHF無線局の覆域外を飛行する航空機との通信に使用される．そのための衛星として，国際海事衛星機構（インマルサット）やわが国の運輸多目的衛星（MTSAT）などの静止衛星が用いられている．現在インマルサットの通信衛星は太平洋，東大西洋，西大西洋およびインド洋の上空で静止している．衛星通信の周波数は，衛星通信地球局から衛星までが6 GHz，逆方向（衛星から地球局）は4 GHz，衛星から航空機局までは

---

10) 板野賢, 塩見格一：CPDLC対応航空路管制卓の試作開発と評価, 電子航法研究所研究発表会, No. 10, 2010, pp. 63–66.

1.5 GHz，逆方向（航空機から衛星）は 1.6 GHz である．この衛星は現在 CPDLC による管制通信，ACARS による航空運航管理および航空管理通信に使われている．また，旅客用公衆通信に使われるのもこの衛星である．衛星データリンクの通信速度の理論値は 0.6〜10.5 kbps である．

以上の静止衛星に加え，最近では Iridium のような非静止衛星による衛星移動通信サービスも一部運航に利用されている．それは，非静止衛星は低高度の軌道を周回していることから，静止衛星による通信と比べ電波の減衰や遅延が小さく，小出力の装置による通信が可能となるためである．

(5) HF 通信：航空用 HF 通信システムには 2〜21 MHz の周波数帯が使われ，12 チャンネルが確保されている．このシステムは，VHF，UHF 通信の覆域を外れる洋上等を飛行する航空機との通信に使用され，同様の目的で使用される衛星通信と違い，通信料が安価で静止衛星による通信が困難となる北極，南極近くでも利用できるという特徴がある．現在このシステムは音声を用いた管制通信，航空会社の管理通信に加え，ACARS を用いた航空会社の航空運航管理および航空管理通信にも使われている．ただし，HF 通信は一般に通信品質が悪く，デジタル通信においては通信速度が 0.3〜1.8 kbps 程度[11]と低いという問題がある．

4.2.2 航法システム

航法システムは，位置情報を含む信号を送信する地上無線施設とその信号を受信し，自らの位置を算出する機上受信機とからなるシステム，航法衛星からの信号を受信し，自らの位置を算出する衛星航法システム，および外部からの情報なしに飛行時の加速度や姿勢から自らの位置を算出できる慣性航法装置とに大別される．地上無線施設からの位置情報を利用する航法システムは，長年利用され精度や信頼性，利用性等は確立しているが，その特性上運用される場所によって異なるシステムを整備する必要がある．一方，衛星航法システムや慣性航法システムは運用場所に係わる制限は少ないが，現在のところその信頼性や利用性等に制限があり，地上無線施設の支援なしで全

---

11) Pat de Barros: HF Data Link Background and Future Plans, ICNS Conference, May, 2003.

飛行フェーズを運航することは困難である．

以下に主な航法システムの概要，特徴および利用範囲等をまとめる．

(1) NDB：NDB (Non Directional Radio Beacon) とは 190〜1750 kHz の周波数帯の電波を水平方向の全方向に放射し，航空機を誘導する無線航路標識である．機上に ADF (Automatic Direction Finder) が搭載されていると，NDB 電波の到来方向を算出できるため，航空機は NDB 局に対する自らの方位を知ることができる．NDB は最も初期からある航法システムで，安価ではあるが現在標準的に用いられている VOR (VHF Omni-directional Range) と比べ方位精度が低いことなどから徐々に局数が減りつつある．2010 年現在わが国では 27 の NDB 局が運用されている．

(2) VOR：VOR とは VHF 帯の電波を用い，有効距離内のすべての航空機に磁北を基準とした方位情報を連続的に提供する無線施設である．VOR 信号は VOR 局から水平方向に全方向同一の位相情報を持つ基準信号と，磁北を基準として時計回りの方位角に比例する位相情報を持つ可変位相信号とからなる．機上の VOR 受信機ではこれら 2 つの信号を受信，その位相差を検出することで VOR 局に対する自らの方位を知ることができる．VOR の許容方位誤差は，地上の VOR 局と機上 VOR 受信機との総合誤差として ±3.5 度以内と規定されている．

(3) DME：DME (Distance Measuring Equipment) とは 960〜1215 MHz の周波数帯の電波を用い，有効距離内のすべての航空機に地上 DME 局からの距離情報を提供する無線施設である．DME では，航空機上の DME 質問器（インタロゲータ）からの質問信号を受信すると，応答器（トランスポンダ）により応答信号を返信する．機上の DME 装置は質問信号と応答信号との時間差から DME 地上局までの距離を計算し，機上で表示する．DME の許容距離誤差は，機上装置との総合誤差として ±0.2 nm と規定されている．

　VOR と DME を併用すると航空機では VOR/DME 局を基準とした自らの位置を特定することができる．このため VOR/DME は短距離無線航路標識の国際標準として航空路上および空港内で広く運用されている．2010 年現在わが国で運用されている VOR/DME 局は 97 局である．

(4) TACAN：TACAN (TACtical Air Navigation) は DME と同じ周波数帯の電

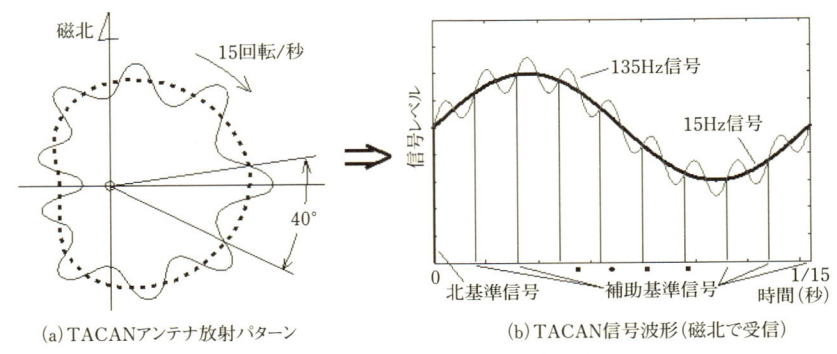

図 4.5 TACAN の方位情報発生原理

波を用い，有効距離内のすべての航空機に対し磁北を基準とした方位情報と，TACAN 局との間の距離情報とを提供する軍用の無線航路標識である[12]．図 4.5 に TACAN の方位情報発生原理を示す．TACAN アンテナは，カーディオイド状と 9 Hz の正弦波状パターンを重畳した水平方向の放射特性を持ち，等価的に毎秒 15 回転している．このカーディオイドおよび正弦波パターンの最大方向が真東となるとき（図 4.5 (a) の場合）TACAN からはパルス状の北基準信号と補助基準信号が放射される．このため，アンテナ 1 回転につき北基準信号は 1 回，補助基準信号は 9 回放射されることになる．図 4.5 (b) は磁北方向で受信した TACAN 信号の復調波形を示しており，15 Hz と 135 Hz の信号が重畳した形となっている．この信号の位相は受信方位に比例することから，15 Hz と 135 Hz 信号の位相をそれぞれ北基準信号および補助基準信号と比較することによりノギスと同じ原理で精密な方位測定を行うことができる．すなわち，TACAN では粗方位情報と精方位情報とを同時に送信できることになり，これが VOR と異なる大きな特徴である．

一方，TACAN の距離情報発生原理および信号内容は前述した DME と変わらず，DME と TACAN の距離情報部には共用性がある．したがって，民間機と軍用機が航空路を共用するような空域には TACAN と VOR が併

---

12) 岡田実編：航空電子装置，日刊工業新聞社，1972，pp. 33–43.

置されることがあり，このような組み合わせを VORTAC と呼ぶ．2010 年現在わが国では 24 の VORTAC 局が運用されている．

(5) ILS：ILS（Instrument Landing System：計器着陸装置）は，空港に進入する航空機に空港滑走路と自機との位置関係を示す信号を放射してその着陸を支援する装置で，滑走路中心線に航空機を誘導するローカライザ，滑走路への降下角を提供するグライドパスおよび滑走路端からの距離を示すマーカビーコンからなる．ローカライザは着陸進入コース生成のため 90 Hz と 150 Hz の 2 種類の信号で振幅変調した VHF 電波を送信する．この信号は，滑走路中心線から一定の範囲（約 ±4 度）において中心線左では 90 Hz 信号，右では 150 Hz 信号の振幅が中心線からの偏位に比例するよう調整されている．グライドパスは，滑走路への降下角生成のため 90 Hz と 150 Hz の 2 種類の信号で振幅変調した UHF 電波を送信する．滑走路への降下角（2.5 度から 3 度程度）との偏位はローカライザと同様 90 Hz と 150 Hz 信号の振幅差に比例するよう調整されている．マーカビーコンは，滑走路端から所定の距離離れた位置に設置され，その上空にマーカの情報を含む VHF 帯の電波を放射する．航空機は，ローカライザおよびグライドパスの信号を受信，復調し，90 Hz および 150 Hz 信号の振幅を比較することで自機の滑走路中心線および滑走路への降下角からの偏位を知ることができる．また，マーカビーコンからの信号を受信することで当該ビーコン上を通過したことを知る．

ILS には 3 つのカテゴリ（I，II，III）があり，カテゴリが高く（I → III）なるほど誘導精度は高くなる．たとえばカテゴリ I では，最終進入時航空機から滑走路方向の視程が 550 m 以上あり，そのときの高度（決心高度）が 60 m 以上あれば着陸できることになる．カテゴリが II，III と上がるにつれ，必要な視程は短く，決心高度は低くなる．2010 年現在わが国では 64 空港で ILS が運用されている．これらのうち，カテゴリ II 以上の ILS が設置されているのは成田空港などの大規模国際空港と気象条件による制限が多い釧路空港などに限られており，大部分の空港はカテゴリ I で運用されている．

(6) 衛星航法システム：衛星航法システムとは，全地球的に利用可能な航法衛星からの信号で自らの位置を算出するシステムである．代表的な衛

星は米国の GPS であるが，ロシアの GLONASS，ヨーロッパ共同体で準備中の Galileo なども同じ目的の衛星である．GPS を例に測位原理を説明する．GPS 衛星にはきわめて高精度の時計（原子時計）が搭載され，その時計に同期したタイミングで時間情報，衛星の軌道情報や識別情報を放送している．GPS 受信機は，4 局以上の衛星からの信号を受信して受信機の時計を較正し，それぞれの衛星の軌道情報と衛星—受信機間の距離情報とをもとに受信機の 3 次元座標を計算する．現在 GPS は 30 機程度が運用され，放送周波数は約 1.58 GHz と 1.23 GHz の 2 種類である．GPS システムの現在の精度は受信できる衛星数，受信機の性能などで異なるが，水平方向で十数 m，垂直方向では 20 m 程度以下と考えられている[13]．

衛星航法システムは全地球的に利用可能でかつ高い精度で自らの位置を算出できることから，今後の主要航法システムとして期待されている．しかし，衛星航法システムを VOR/DME や ILS 等現在の航法システムと置き換えるためには，その精度，信頼性，サービスの継続性などが総合的に現在のシステムと同等以上となることが必要である．このような視点に立つと，現在 GPS システム単独ではその精度，信頼性，継続性等が不足すると指摘されている．そこで，衛星航法が利用される空域，空港等に固定 GPS 受信機を設置し，そこで得られる位置誤差情報を周辺の航空機に放送して機上で誤差成分を補正するディファレンシャル方式により課題の解決を目指している．航空分野では，誤差情報や衛星利用情報等を静止衛星で放送し広域での誤差低減を目指す SBAS（Satellite Based Augmentation System）と，空港付近における誤差情報や衛星利用情報等を進入する航空機に地上の放送施設から伝達する GBAS（Ground Based Augmentation System）について研究，開発が進められている[14]．

(7) 慣性航法装置：慣性航法装置（INS: Inertial Navigation System）とは，地

---

13) 星野尾一明，伊藤実，新井直樹，松永圭左：MSAS 飛行試験の結果について，電子航法研究所研究発表会，No. 2，2002，pp. 39–42．
14) 伊藤正宏，福島荘之介，齋藤真二，吉原貴之，齊藤享，藤田征吾：関西国際空港における B787 を用いた GBAS プロトタイプの飛行実験，航空宇宙学会　第 49 回飛行機シンポジウム，No. 49，2E10，2009 年 10 月．

上無線施設や航法衛星など外部からの情報に依存することなく内蔵されたセンサで自らの位置を検出する装置である．この装置では高精度の加速度計と姿勢センサ（ジャイロ）とを用い，出発地点から現在位置までの加速度および飛行方向に関する情報を積算することにより現在の位置を求めることができる．慣性航法装置では，加速度センサや姿勢センサの精度，感度が直ちにその位置精度に反映されること，位置情報に含まれる誤差は飛行中に蓄積していくという問題点がある．この姿勢センサとして機械部分がないリングレーザジャイロを用い，位置精度が大幅に向上したものを慣性基準装置（IRS: Inertial Reference System）と呼び，最近の旅客機には標準的に IRS が搭載されている．しかし，IRS においても飛行とともに誤差が蓄積するという特性は避けられないことから，現在は GPS 受信機等と併用して適宜位置情報の更新を行いつつ利用されることが多い．

4.2.3 監視システム

現在航空機の監視は，監視対象をレーダー等地上の施設により監視する方法，地上の質問装置と航空機に搭載された応答装置との連携により監視する方法，機上で放射された信号を複数の受信点で観測し，受信時間の違いから監視する方法，そして GPS 受信機等で監視対象自身が取得した位置情報を地上にダウンリンク，処理，表示して監視する方法，などで行われる．現在の主な監視システムについて，その概要，特徴および利用範囲等を以下にまとめる．

(1) 一次レーダー：一次レーダーとは，回転するレーダーアンテナから目標に向かって電波を発射し，目標で反射された電波を受信して発射電波との時間差から目標までの距離を，アンテナの回転角から目標の方位を検出する最も基本的なレーダーである．民間航空で利用される主な一次レーダーとして，航空路監視レーダー（ARSR: Air Route Surveillance Radar），空港監視レーダー（ASR: Airport Surveillance Radar）および空港面探知レーダー（ASDE: Airport Surface Detection Equipment）がある．レーダーは，使用周波数が高くなるほど，目標までの距離，複数目標間の距離，目標の形状識別などの監視精度が高くなる．レーダーアンテナ

の回転数はデータ更新頻度に比例する．したがって，比較的遠方の監視が中心となる ARSR は周波数 1250〜1350 MHz の L バンド帯，アンテナ回転数は 1 分間に 6 回転，探知距離は約 200 nm となっているのに対し，一般に空港周辺の航空機を詳細かつ高頻度に監視することを目的とする ASR では，周波数 2700〜2900 MHz の S バンド帯，アンテナ回転数は 15 回転/分で探知距離は 50〜100 nm 程度となっている．ASDE は空港内の航空機をその輪郭まで詳細に検知できることが必要であるため，周波数は 24.25〜24.75 GHz の K バンド帯と ARSR 用に比べ 20 倍程度高く，アンテナ回転数は 60 回転/分で探知範囲はレーダーが設置された空港面内となっている．2010 年現在，わが国では航空路上 10 ヵ所に ARSR，19 空港に ASR，そして 7 空港に ASDE が設置され，運用されている．

(2) 二次監視レーダー：二次監視レーダー（SSR: Secondary Surveillance Radar）は，地上の質問器（インタロゲータ）でパルス状の質問信号を生成し，回転するレーダーアンテナから目標に向かって周波数 1030 MHz で送信する．一方，機上の SSR 応答器（トランスポンダ）は質問に対応するパルス状の応答信号を生成して 1090 MHz で返信する．この方法により，SSR は一次レーダーでは不可能な監視目標の識別符号や高度情報等個々の航空機の情報を得ることができる．現在 SSR の質問，応答にはモード A，C および S の 3 形式がある．図 4.6 に各モードの質問，応答信号フォーマットを示す．①Mode A，C 質問には P1，P2 および P3 パルスが使われ，各パルスの幅は 0.8 μ秒である．P1，P3 パルスの間隔を 8 μ秒とした質問はモード A，21 μ秒の場合はモード C 質問である．P2 パルスは SSR アンテナのサイドローブ抑圧に用いられる．サイドローブとは，きわめて狭い範囲に強い電波を放射することで目標の方位角を検出するレーダーアンテナにおいて，本来の電波放射方向以外に漏れ出す電波を意味する．②Mode A，C 応答の中で F1 および F2 はフレーミングパルスである．その間の C1 から D4 まで 12 個のパルスが固有情報伝送用で，これらの有無により $2^{12} = 4096$ 種の情報を生成することができ，これらによりモード A では航空機の識別番号，モード C では気圧高度情報が伝送される．SPI パルスは航空機識別用で，管制官の要請でパイロットがトランスポンダの識別ボタンを押したとき発生する．③ Mode A，C，

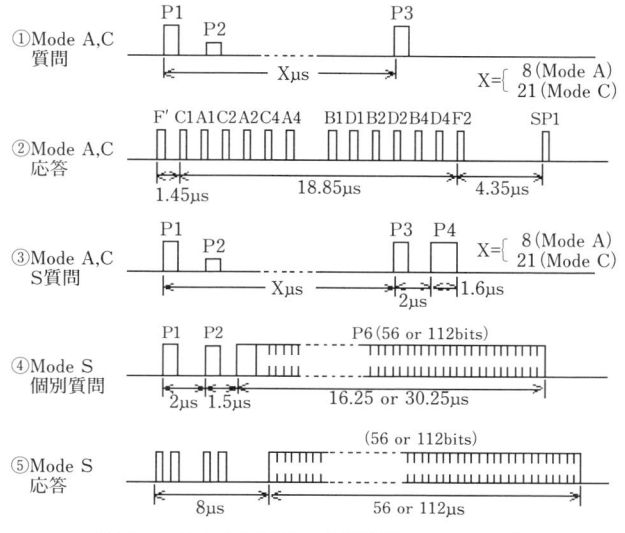

図4.6 SSR質問信号, 応答信号フォーマット

S質問は, モードA, Cに加え, モードSトランスポンダにも応答を促すためのもので, 従来のモードA, C質問パルスとP4パルスとからなる. P4パルス幅が0.8 μ秒の場合, この信号はモードA, Cのみへの質問と認識され, P4パルス幅が1.6 μ秒の場合, モードS向けも加わった質問と認識される.

モードSの大きな特徴は, 従来のモードA, Cとは異なり個々の航空機と個別に質問, 応答ができること, および交換できる情報量が大幅に増えたことである. モードSでの質問, 応答の流れは,

- インタロゲータからモードS一括質問,
- モードSトランスポンダから一括応答(個々の航空機独自のモードSアドレスも伝達),
- モードSアドレスを用い, インタロゲータからモードS個別質問,
- 個別質問に対応するモードSトランスポンダから個別応答,

となる. 図4.6の④Mode S個別質問にはP1, P2およびP6パルスが含まれる. このP6内にはデータブロックがあり, そのブロック長は56または112ビットである. ⑤Mode S応答には4個のパルスからなるプリアン

ブルに続き個別質問への応答のための 56 または 112 ビットのデータブロックがある．モード S では，このデータブロックを用いて監視に必要な航空機識別符号等に加え，空地間で種々のデータ通信を行うことができる．したがって，SSR モード S は将来の新たな空地データリンク手段としても期待されている[15]．

SSR アンテナは ARSR または ASR アンテナ上に取り付けられ，一次，二次レーダー併設システムとして運用される場合が多い．このため，SSR の探知距離は併設された ARSR または SSR のそれとほぼ同じとなっている．しかし，SSR のみが設置されている局もあり，探知距離を 250 nm まで拡張した SSR である ORSR（Oceanic Route Surveillance Radar）は単独で運用されている．2010 年現在，わが国では航空路上 20 ヵ所そして 26 空港内に SSR が設置され，運用されている．

(3) マルチラテレーション[16]：マルチラテレーション（MLAT: Multi LATeration）は，二次監視レーダーからのモード S 質問信号に対して航空機のトランスポンダから放射されるモード S 応答信号を複数点で受信し，3 点測距の原理で目標の位置を計算する技術のことで，主に空港内の航空機の位置を精度良くかつ高いデータ更新頻度で監視するために利用される．空港面内の航空機は管制官の目視によって常時監視されているが，夜間や悪天候による視界不良時等はこの目視監視は困難となる．このため，交通量が多い大規模空港では空港面探知レーダー（ASDE）が用いられているが，ASDE は一次レーダーであることから，航空機は監視できてもその便名把握のための情報が得られないこと，激しい降雨時にはレーダー電波の減衰により監視が困難となるなどの課題がある．マルチラテレーションはこれらの課題を解消できるとともに，航空機側では追加装備を必要としないなどの特徴があることから，現在わが国では羽田，成田，関西空港など主要空港に設置され運用されている．今後さらに中部空港

---

[15] 古賀禎, 三吉襄, 宮崎裕己: SSR モード S データリンクの試験結果について, 電子航法研究所研究発表会, No. 32, 2000, pp. 47–50.
[16] 宮崎裕己, 二瓶子朗, 齋藤真二, 加来信之, 古賀禎, 青山久枝, 小松原健史: マルチラテレーションシステムの導入調査 (1), 電子航法研究所研究発表会, No. 6, 2004, pp. 99–104.

や千歳空港などへの設置が計画されている．

(4) ADS：ADS とは，飛行中や地上走行中の航空機が GPS 受信機等により収集した自らの位置情報を地上や他の航空機に送信し，その位置を外部から監視できるようにする技術である．ADS には地上の管制機関等からの送信要求を受け，位置情報を当該機関宛てに送信する ADS-C（ADS-Contract）と，自らの位置を SSR モード S の応答信号や UAT（Universal Access Transceiver）等を用いて周辺に放送する ADS-B（ADS-Broadcast）とがある．

　ADS-C は現在洋上空域を飛行する航空機の位置通報手段として利用されている．このため，機上と地上間の通信には主に衛星データリンクが用いられている．一方の ADS-B は監視精度が高い，目標監視頻度を高くできる，設置，整備コストが低いなどの長所があることから，レーダーに代わる新しい監視手段として，また航空機相互間の監視手段として期待されている[17]．一方，ADS は位置情報の信頼性や精度は機上の GPS 受信機や通信装置等に依存していることを考慮する必要がある．現在 ADS-B は，レーダー整備が進んでいない国，地域などでレーダーに代わる監視装置として試験運用されている．ADS-B の応用システムとして ASAS（Aircraft Surveillance Application System）がある．これは，自機周辺の航空機の位置を ADS-B で取得し機上で処理・表示するシステムで，現在は困難な航空機周辺の交通状況について地上管制官とパイロットとが情報を共有できることになり，交通の安全と円滑化が進むと期待されることから，ASAS とそれを用いた運航方式について現在世界で盛んに研究が進められている．

4.3　将来の航空交通システム

　航空交通量の著しい増加とそれに伴う化石燃料消費の増加，大都市圏空港への交通集中，地球環境の保全，世界的に運用できる航空交通システムの構築などは世界各国が現在解決を迫られている重要な課題である．そこで，

---

17)　三吉襄，宮崎裕己，古賀禎：拡張スキッタ ADS-B による航空機監視の実験計画，電子航法研究所研究発表会，No. 2，2002，pp. 61–64.

ICAOでは2003年の第11回航空会議で現在の航空交通管理（ATM）の考え方を拡張した「全世界的ATM運用概念」を承認，2005年にはその手引書を刊行した[18]．この全世界的ATM運用概念実現に向け米国ではNextGen（Next Generation Air Transportation），欧州ではSESAR（Single European Sky ATM Research），わが国ではCARATS（Collaborative Actions for Renovation of Air Traffic Systems）と呼ばれる研究・開発，展開プロジェクトが現在進行中である．

これらのプロジェクトは基本的にICAOの「全世界的ATM運用概念」の実現とともに当該プロジェクトを推進している地域の航空交通の独自性も反映した新しい航空交通システムの確立を目指しているため，それぞれで重視する項目や課題解決の戦略等に違いがある．本節では，まずICAOの「全世界的ATM運用概念」とその運用概念実現のために提示されている実行要素等について紹介する．NextGen，SESAR，CARATSおよびこれらに基づき電子航法研究所で今後実施するべき研究をまとめた研究長期ビジョンの概要，主な目標などについて説明する．次いで，全世界的ATM運用概念が実現したときに想定される新たな運航について紹介する．また，この新たな運航として想定されている4次元トラジェクトリ運航（4DT: 4 Dimensional Trajectory）やその運航実現のため必要となる技術および課題等について述べる．

4.3.1　ICAOの全世界的ATM運用概念

ICAOの「全世界的ATM運用概念」では，航空の安全性，効率性および定時性を高めるため，次の6つのガイドラインが示されている[19]．(a)安全性を第1に配慮すること，(b)人間が主体であること，(c)技術の進歩を考慮すること，(d)情報が行き渡ること，(e)コラボレーションが確立されること，(f)運用の連続性が確保されること，である．

以上のガイドラインを前提条件として「全世界的ATM運用概念」で今後取り組むべき課題として，以下の7つの実行要素が挙げられている．

(1) 空港管理：空港での発着量の増加，スポットの利用性の向上，そして

---

18) ICAO: Global Air Traffic Management Operational Concept, Doc. 9854 AN/458, 2005.
19) 白川昌之：長期ビジョンについて，電子航法研究所研究発表会，No. 7, 2007, pp. 1–10.

誘導路，滑走路等の有効利用を通しての地上走行時間短縮などが主な目標である．ASMGC (Advanced Surface Movement Guidance & Control system) は本要素に係わる研究，開発課題である．
(2) 空域管理：空域有効利用の観点から，安全性を確保しつつ訓練空域など制限空域の柔軟な利用方法を確立し，空域の区分やルート設定などを柔軟に行うことで飛行効率の向上を目指している．関係者での運航情報の共有が前提となる．
(3) 需要／容量バランス：それぞれの空域が持つ最大処理容量と現実の航空交通量との関係を明らかにし，最大処理容量の超過が予想される空域に流入する交通については処理可能容量まで制限する手法の確立が目標となる．
(4) 交通同期：空港および周辺空域の容量向上を目的として，空港への進入機の速度，高度等を調整することにより到着順序，間隔を制御する手順の開発が目標となる．これによりコンフリクト（異常接近）の減少や管制官，パイロットの負荷低減が期待できる．
(5) コンフリクト管理：戦略的コンフリクト管理，間隔設定，および衝突回避と3つの階層が想定されている．戦略的コンフリクト管理とは，飛行計画段階から飛行中まで個々の航空機の飛行経路を予測し，コンフリクト解消を目指すものである．間隔設定および衝突回避には ASAS や TCAS (Traffic alert and Collision Avoidance System) などの利用が想定されている．
(6) ユーザオペレーション：航空機間の間隔保持や交通同期など従来は航空管制官が実施していた業務について，ユーザ（パイロット）に作業を分担させる手順を確立することが目標である．ASAS により機上で周辺航空機を把握し，間隔設定を行う手順などが一例である．
(7) サービス配送管理：必要な交通情報等を全関係者で共有するための通信技術，ネットワーク技術および情報管理技術の確立が目標である．新しい空地通信媒体の開発のような技術的側面と，共有すべき情報の決定とその管理方法などの運用的側面がある．

以上7つの要素で提示された課題を解決し全世界的 ATM システムが構築されると，「すべての関係者の協力下での便宜の提供と継ぎ目のないサービスを

通じた動的で統合的な航空交通と空域の安全，経済的かつ効率的な管理」が行えることになる，と考えられている．

4.3.2 世界の技術開発プロジェクト
(a) NextGen

NextGen は，安全，確実かつ混雑を緩和しつつより便利で信頼性が高い航空交通システムを 2025 年までに米国の空に実現するため 2003 年にスタートした．NextGen には運輸，国防，通商，科学技術，国土保安，そして NASA など米国の国家機関に加え，大学，研究機関および航空関係企業等が参加するきわめて大規模なプロジェクトで，2025 年度までの予算総額として数百億ドルが想定されている．NextGen の全体的企画，調整および運営は米国連邦航空局（FAA: Federal Aviation Administration）内に設置された Joint Planning and Development Office（JPDO）が中心となって実施している．

NextGen では，以下の 8 項目にわたる主要な研究・開発目標と目標達成のための戦略が提示されている[20]．

(1) 将来の要求に備えた空港インフラの確立．
(2) 国民の移動や自由を制限することのない効果的な保安システムの確立．
(3) しなやか（Agile）な航空交通システムの確立．
(4) 利用者固有の状況認識の確立．
(5) 総合的，積極的安全策の確立．
(6) 航空の持続的発展を支える環境保全策の確立．
(7) 気象状況による制約を減らす統合機能の実現．
(8) 航空交通システムの装備状況と世界的運航との調和．

以上のように NextGen の研究・開発，展開戦略はきわめて広範囲かつ多岐にわたり，全体像をつかむのは容易でない．しかし，最近研究・開発に進展があり，転移プログラム（Transformational Program）として大きな予算が投入されつつある技術課題としては，ADS-B，SWIM（System Wide Information Management），データ通信，および次世代気象ネットワーク（NNEW: NextGen

---

20) Joint Planning & Development Office: Next Generation Air Transportation System — Integrated Plan, December, 2004.

Network Enabled Weather）が挙げられている[21]．

(b) SESAR

EC（European Commission）は，ヨーロッパの空域および ATM システムが国ごとに断片化している現状を変革し，空域の再構築，航空交通容量の増加および ATM システムの総合的効率向上を 2020 年までに実現することを目指して 2004 年 EU Single European Sky 計画を設定した．この計画を技術的側面から支援するための総合的プロジェクトが SESAR である[22]．SESAR には EU 加盟国の航空交通サービスプロバイダ，航空会社，航空機製造会社等に加えヨーロッパ全域の大学や研究機関等が参加し，資金も後述するように多方面から寄せられることから，その企画，調整，運営等は SESAR Joint Undertaking という組織で行われている．SESAR では，現在のヨーロッパ空域および ATM システムが持つ課題を解決する次世代の ATM システムについて，ヨーロッパ域内のすべての航空関係者が連携して以下の段階および年内で検討することになっている．

(1) 定義段階（Definition phase; 2004–2008）：次世代 ATM システムの定義と ATM マスタープラン作成，
(2) 開発段階（Development phase; 2008–2013）：次世代 ATM システムの開発，その運用手順確立，
(3) 展開段階（Deployment phase; 2014–2020）：開発された次世代システムの生産と展開．

なお，SESAR の予算は EU，全ヨーロッパ交通ネットワーク機関，ユーロコントロールおよび産業から提供され，上記「(2) 開発段階」における予算総額は 21 億ユーロと想定されている．

現在 SESAR は開発段階にあるが，その内容は NextGen と同様きわめて広範囲かつ多岐にわたり全体像をつかむのは容易でない．最近の報告に，空地データリンクとして ACARS を用いたトラジェクトリ（後出）運航のトライアル[23]，

---

21) Donald Ward: NextGen — Where we are going and our need for standards, EUROCAE Symposium, May 28 2009.
22) SESAR Joint Undertaking: Background of Single European Sky.（http://www.sesarju.eu/about/background）
23) Lars GV Lindberg: Trajectory based operations Eurocae, EUROCAE Symposium, May 28 2009.

近い将来想定される無人機 (UAS: Unmanned Aircraft System) と有人機の共存を想定した空域管理[24]，そして空港内の混雑緩和を目的とした協調的意思決定手順[25]等がある．これらは，SESARにおける今後の研究・開発の方向性を示していると思われる．

(c) CARATS

国土交通省航空局は，国内・国際航空サービスの量的，質的向上は今後必要不可欠との判断のもと，わが国の航空交通システム変革のため「将来の航空交通システムに関する長期ビジョン」を策定し，2010年に公表した[26]．この長期ビジョンでは，まず運航者や利用者のニーズ，社会動向等を念頭に2025年頃の航空交通システムについて，現在に比べ安全性を5倍，混雑空港における管制の処理容量を2倍，1フライト当たりの燃料消費の10%削減など7項目の具体的な目標を掲げ，それらを達成するための活動について検討している．その結果，現在のわが国の航空交通システムの課題について，空域ベースのATM運用，ATM運用の基盤となる情報通信技術などに6分類し，それぞれに含まれる課題解決のための施策として，(1) トラジェクトリに基づく運航の実現，(2) 予見能力の向上，(3) 性能準拠型の運用，(4) 全飛行フェーズでの衛星航法の実現，(5) 地上・機上での状況認識能力の向上，(6) 人と機械の能力の最大活用，(7) 情報共有と協調的意思決定の徹底，そして (8) 混雑空港および混雑空域における高密度運航の実現，の8項目を提示している．これらの施策実施のためには多くの関係者の連携や協力が必要なことから，この活動全般については「CARATS」(航空交通システムの変革に向けた協調的行動) と名付けられている．

航空局では，2011年から産官学の関係者が参加する作業グループを組織し，CARATSで提示した目標施策に沿った具体的研究・開発・整備計画とその実施時期，担当機関等について討議を進め，運用面の改良に係わる33の，技術

---

24) C. A. Persiani and S. Bagassi: Airborne Conflict Modeling and Resolution for UAS Insertion in Civil Non-Segregated Airspace, EIWAC2010, 2010, pp. 123–132.
25) F. X. Rivoisy and H. Breton: How the CDM@CDG contributes to increase the airport performance, EUROCAE Symposium, May 16, 2011.
26) 将来の航空交通システムに関する研究会 (航空局), "将来の航空交通システムに関する長期ビジョン――戦略的な航空交通システムへの変革." http://www.mlit.go.jp/koku/koku_CARATS.html, 2010年.

面の改良に係わる 13 の実施案を提示している．

(d) 電子航法研究所の研究長期ビジョン

電子航法研究所は，現在の航空交通の課題解決のため実施すべき研究について長期的方針を明らかにし，それを所内で共有するとともに所外の関係者の理解を得るため，平成 20 年 7 月研究長期ビジョン（2008 年版）を作成してそれに基づき研究を進めてきた．この長期ビジョンは研究所をとりまく社会状況の変化や新たに開発された技術，知見等に応じて継続的に見直す必要がある．また，アジア地域の急速な交通量増加を踏まえ，わが国だけではなくアジア地域全体の円滑かつ効率的な航空交通を実現するための研究・開発が必要となってきた．そこで，研究所ではこの研究長期ビジョンの見直しに着手し，平成 23 年 3 月新たな研究長期ビジョン（2011 年版）を作成・公表した[27]．この見直しの過程では，短・中および長期的な研究目標の明白化，重点化するべき研究課題の絞り込み，研究課題間の関連性の明白化，そしてわが国が直面する課題への適切な対応等を重視した．また，研究員が 1 つの課題に長期的視点で取り組むことができ，「研究力」の向上を果たしやすい環境を作ることも考慮した．この長期ビジョンでは研究目標として「飛行中の運航高度化」，「空港付近での運航高度化」，そして「空地を結ぶ技術，安全性向上技術」の 3 分野を設定し，目標を達成したとき期待される代表的効果についてはそれぞれ「航空路の容量拡大」，「混雑空港の処理容量拡大」そして「安全で効率的な運航の実現」を挙げている．

4.3.3　全世界的 ATM 運用概念に基づく運航モデル

図 4.7 は，飛行準備（飛行計画作成）から目的空港ターミナル到着までを 5 つのフェーズに分けて示した運航の概念図である．この図をもとに ICAO の全世界的 ATM 運用概念が実現したとき想定される運航について，NextGen の考え方[28]をもとに説明する．

(1) 飛行計画作成：全世界的 ATM 運用概念では，飛行計画作成に際し従来の情報に加え，4 次元気象データベース（4D Weather Cube），軍用空域，

---

27) 電子航法研究所，"電子航法研究所の研究長期ビジョン"（2011 年版），2011．
(http://www.enri.go.jp/news/osirase/pdf/choki_ver1_1.pdf)
28) （文献 21）と同じ）

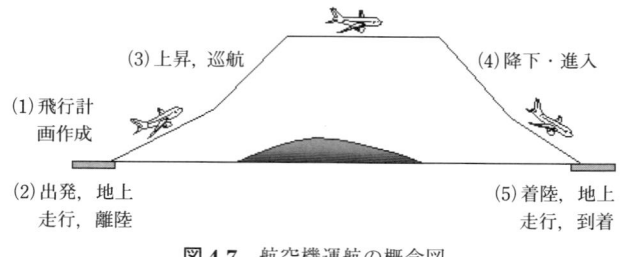

図 4.7 航空機運航の概念図

使用誘導路等の情報にアクセスできるようになる．これらを基に初期トラジェクトリ案が作られ，それを管制機関，運航者他すべての関係者がSWIMなどにより共有して，協調的意思決定（CDM: Collaborative Decision Making）を行う．それによりコンフリクト等がない最適トラジェクトリが作成できる．

(2) 出発，地上走行，離陸：初期トラジェクトリは交通状況，気象状況等により更新され，機上にはゲート出発時点の最新トラジェクトリが空地データリンクを用いて伝送される．周辺交通情報，気象情報等は TIS-B（Traffic Information Service-Broadcast：放送型交通情報サービス）や FIS-B（Flight Information Service-Broadcast：放送型飛行情報サービス）のような放送型データリンクで提供される．機上では自らの地上走行状態や詳細な上昇コース，先行機の後方乱気流の情報等が表示できるようになる．また，滑走路間隔が狭い平行滑走路を持つ空港において現在は制限がある同時離陸，着陸が可能となる．

(3) 上昇，巡航：厳密な時間管理により離陸上昇する航空機の間隔短縮が可能となる．騒音低減に有利な上昇経路が提供される．機上では ADS-B などにより周辺の航空機の交通状況が把握できる．気象状況等でトラジェクトリの修正が必要になったとき，航空交通流管理システムにより関係航空機がすべて最適経路を飛行できるよう再計算，修正される．修正後のトラジェクトリは自動的かつすべての関係機に空地データリンクにより一括，同時配信される．トラジェクトリ変更に基づく関係航空機の飛行ルート変更は，一括同時に許可されるようになる．

(4) 降下・進入：到着空域までの複数の精密経路情報が提供される．騒音

および燃費低減に有効な最適降下，進入経路情報が提供される．降下，進入トラジェクトリの再計算は巡航中に行われ，空地データリンクを介して航空機と調整，最終進入コースが再設定される．このとき，降下航空機間の間隔は厳密な時間管理により短縮できるようになる．最終進入には GBAS も利用できる．
(5) 着陸，地上走行，到着：着陸前，空地データリンクを介して望ましい地上走行ルートが提供される．パイロットおよび管制官は機上または管制室内の表示装置で飛行場内の航空機や地上車両等を把握できる．ランプ操作者は航空機のゲート到着時間を事前に知ることができる．

以上の運航を現在の運航と比較すると，全飛行フェーズで空地の情報交換の重要性が理解できるとともに，その情報交換は従来の音声から空地データリンクに変わっていることがわかる．

4.3.4 新しい運航実現のための技術および課題

新しい運航モデルでは 4 次元トラジェクトリ運航（4DT: 4 Dimensional Trajectory）が前提となっている．この「トラジェクトリ」とは航空機の飛行軌跡のことで，4 次元トラジェクトリ運航とは事前にすべての航空機の 3 次元座標とその座標通過時間とを設定し，設定通りに飛行する時間管理された運航と言える．このため，気象状況等で 1 機の飛行時間を変更するときは，当該飛行に関係するすべての航空機の 4 次元トラジェクトリも迅速に修正するとともに修正後のトラジェクトリを関係航空機に迅速に配信することが必要となる．なお，現在の計器飛行では出発から目的空港到着まで飛行ルートが設定され，それに沿って飛行するのが原則であるが，ルート上を通過する詳細な時間までは設定されていない．

以上の運航を実現するため今後確立するべき主な技術，考え方とその概要説明を表 4.1 に示す．この表の「4 次元気象データベース」とは，気象予報の対象範囲と観測時間間隔を狭めることで従来の気象予報より詳細なデータベースを作成するものである．

次に「SWIM」と「協調的意思決定」および「空地データリンク」について説明する．全世界的 ATM 運用概念では従来管制官，パイロット等に個別に提供されていた情報，たとえばレーダーで観測した交通情報，航空機で得ら

表 4.1 新しい運航のため確立するべき主な技術，考え方

	技術，考え方	概要説明
1	4次元気象データベース	すべての航空関係者が共有できる環境上で，任意時間と位置における立方体状空間内の気象データベース．
2	SWIM	統合情報管理：飛行に係わるすべての情報を全関係者で共有するための高機能なネットワークシステム．
3	協調的意思決定	飛行に係わるすべての情報を関係者で共有し，同じ状況認識のもと，全関係者の利益を最大化する意思決定手順．
4	空地データリンク	100 MHz 帯や 1000 MHz 帯電波を使った航空用データリンク．既存システムは低速であり，高速システムを研究開発中．
5	TIS-B/FIS-B	地上で収集した周辺航空機の位置情報，空港や周辺気象情報などを放送型データリンクで航空機へ伝送する技術．
6	航空交通流管理システム	運航者と協調のもと飛行経路や出発時間の調整等により1つの空域の処理能力と交通量とを適合させる技術．
7	ADS-B	GNSS 等の測位システムで得た自らの飛行位置を放送型データリンクで周辺航空機や地上に送信する方式．
8	GBAS	ディファレンシャル GPS の原理で GPS 信号の信頼性を向上させ，空港への精密進入を実現するシステム．

れる飛行状態情報等を全関係者で共有し，共通の状況認識のもと最適運航のための意思決定を行うことになる．この考え方は「協調的意思決定」と呼ばれ，新しい運航モデルの基本要素となっている．協調的意思決定を行うためには，必要な情報の全関係者での共有を可能とするネットワーク網やデータリンクなど，新しい情報通信技術が必須となる．この情報通信基盤として考えられているのが「SWIM」であり，図 4.8 にその概念図を示す．SWIM の概念は NextGen と SESAR とで少し異なるが，基本的には航空管制情報処理システム，管制通信システム，航空会社の運航システム，空港会社の空港管理システム，機上システムそして軍用運航システム等をネットワークで結び，データの一貫性を持たせることで異なるシステム間の情報交換を可能とするものである．SWIM は通信媒体の違いから地上 SWIM ネットワークと空地 SWIM ネットワークとに分けて考えられている．

地上 SWIM ネットワークは IP ベースによる運用が想定され，その構築に際してハードウェア，ソフトウェア的に独自の課題は少ないと思われる．しかし，その運用に関しては以下のような大きな課題がある．すなわち，

図 4.8 SWIM の概念図

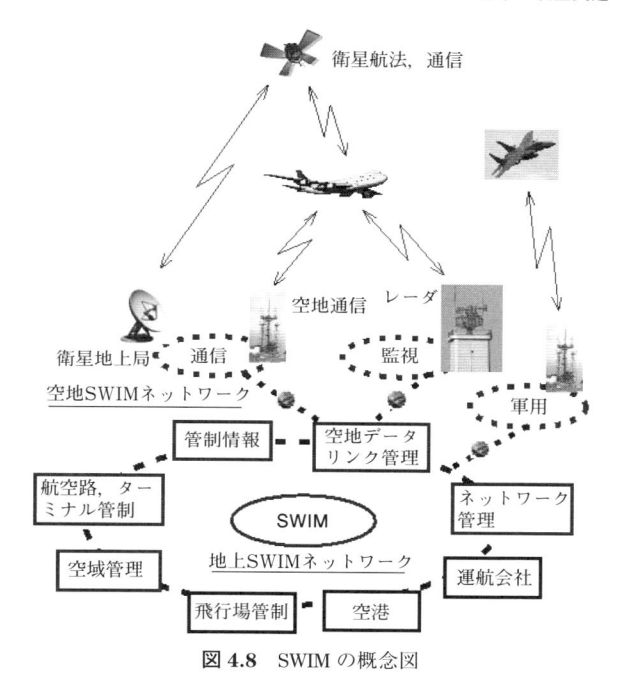

(1) ネットワークで共有する情報は何か，
(2) 誰がネットワークを管理，運営するか，

などについては未だ合意の得られた結論はない．この (1) について考えるとき，たとえば現在の管制情報システムの情報量は膨大で，そのすべてをネットワーク上で共有するのは容易なことではない．また，管制情報には軍用機を含む航空機の詳細情報が含まれており，セキュリティの観点からの配慮が必要となる．すなわち，情報共有の必要性，情報量，セキュリティ対策等について今後十分な検討が必要となる．(2) については，このネットワークには公的な情報と企業などの私的情報とが混在するため，公平，公正そして秘密保持が保証できる管理，運営体制が必要となる．また，管理，運営に要する経費について精度良く見積もるとともに，全関係者が納得できる経費分担の考え方も必要になる．

次に，空地 SWIM ネットワーク実現のためには「空地データリンク」の整

表 4.2 新しい運航のための空地データリンク技術

運用範囲	通信技術	通信速度（規格値）
空港内，付近	AeroMACS	20–75 Mbps
陸上	VDL Mode2 LDACS	31.5 Kbps 275–1373 Kbps
洋上	衛星 短波無線	0.6–10.5 Kbps 0.3–1.8 Kbps

備が必要不可欠となる．現在実用化されている空地データリンクとしてACARSとCPDLCがある．しかし，これらの現状の性能では前述した新しい運航を実現することは困難と考えられている．そこで，新しい空地データリンクの研究・開発，評価が世界で行われている．表4.2は，現在検討されている主なデータリンク技術とその通信速度について運用範囲で分けて示したものである．この表から，データリンクの速度はAeroMACSを除き現在の一般的地上ネットワーク等と比べ大幅に低速であることがわかる．また，この表の通信速度は規格値であり，電波を遮ったり反射したりする地形や構造物がある環境およびターミナル付近など航空機が密集する環境でのデータリンクの実効性能については十分な調査や評価がなされているわけではなく，今後の重要な研究，評価課題となっている．

　以上，全世界的ATM運用概念に基づく新しい運航実現のため必要と考えられる主要技術について述べた．これらの多くは，すべての運航関係者が迅速かつ確実に必要な情報を共有するとともに，情報修正も迅速に行える環境構築のため必要であり，SWIMと空地データリンクは特に重要な要素となることを示した．一方，現在検討されている空地データリンクは必ずしも満足できる性能ではないことから，その限られた性能のもとでいかに新しい運航を実現するか，について今後検討を進める必要がある．

トピック 8　航空機アンテナ

　現代の航空機には通信，航法，監視などのため種々の無線システムが搭載されている．それら無線システム用に機上には多くのアンテナが設置されている．図は，B777型機におけるアンテナの設置例である．無線システムの多くは冗長性確保のため二重，三重系となっており，対応するアンテナの多くは通信の際の機体の影響を考慮して機体上下や前方，後方などに離れて設置されている（TCAS T, TCAS B など）．図のアンテナとそれに接続される無線システムの名称を以下に示す．主なシステムの用途，機能等は「4.2 通信・航法・監視システム」を参照のこと．

ILS GS (Instrument Landing System Glide Slope)：ILS グライドスロープまたは ILS グライドパスと呼ばれる．
ILS LOC (ILS Localizer)：ILS ローカライザ．
Weather Radar：気象レーダー．
ATC (Air Traffic Control)："ATC" そのものは航空管制を意味するが，この "ATC" は，二次監視レーダー用トランスポンダのこと．
TCAS (Traffic alert and Collision Avoidance System)：航空機衝突防止システム．
RA (Radar Altimeter)：電波高度計．
DME (Distance Measuring Equipment)：距離測定装置．
Marker Beacon：マーカビーコン．
GPS (Global Positioning System)：米国の全地球的測位システム．
ADF (Automatic Direction Finder)：自動方向探知機．
Public Telephone：公衆電話．
HF (High Frequency)：短波通信装置．
TV (Tele-Vision)：テレビジョン．
VOR (VHF Omni-directional Range)：超短波全方向式無線標識

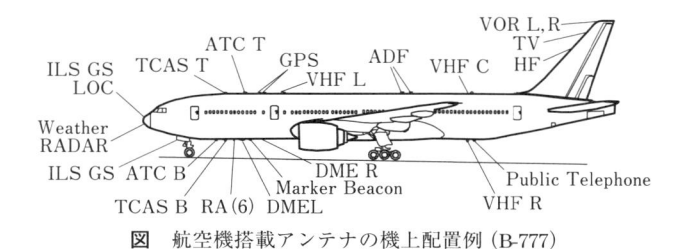

図　航空機搭載アンテナの機上配置例 (B-777)

第5章 航空機ファイナンス

　航空機はきわめて高価な資産であり，航空会社はその購入にあたって，自己資金以外に頼ることが通常である．また，近年は世界の航空機の3分の1がリースで調達されるなど，航空機の保有の仕方も多様化している．本章では，ファイナンスの種類およびリースの種類について，最近の動向を踏まえつつ解説する．

5.1　航空機ファイナンスの現状

　航空機に関連するファイナンスとして，大別すると航空機を購入するために必要な「購入者側」と，開発や製造に必要な「製造者側」とに分けられる．このうち製造に必要なファイナンスは，開発が終了し受注もほぼ見えたうえで，製造者が自社で資金調達を行い設備投資するのが一般的である．一方，購入者側の金融はその代表であるエアラインは資金余力に乏しく，また開発にかかるファイナンスは新技術の導入や未確定受注が多いなど不確実性が多いことに加えて，莫大な金額が必要となる．以下ではこの2点のファイナンスの現状につき解説する．

5.1.1　販売金融
　航空機の価格は1機当たり数十億円から数百億円という非常に高価なものであり，キャッシュリッチである中東系を除くと，航空会社が自社資金で購入することは稀である．この章では航空機の売買に対するファイナンス（資金調達）がどのような仕組みで行われているか，解説する．
　世界的に見た航空機の販売（納入ベース）は金融危機やSARSなどの影響による一時的な落ち込みはあるものの，長期的には拡大傾向にある（図5.1）．
　世界の航空機の年間納入機数（リージョナルジェットを除く）は900〜1000

180　第5章　航空機ファイナンス

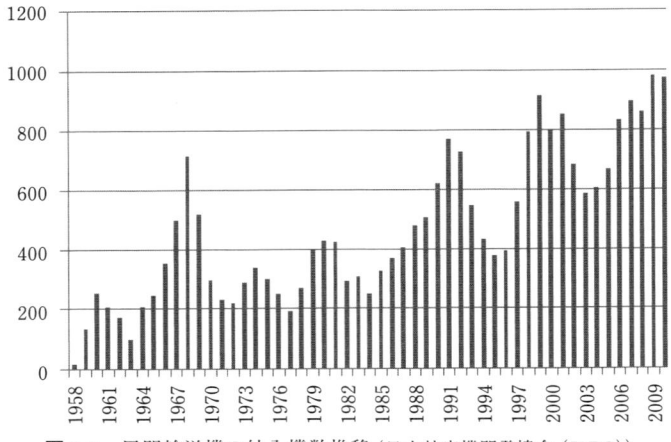

図 5.1　民間輸送機の納入機数推移（日本航空機開発協会（JADC））

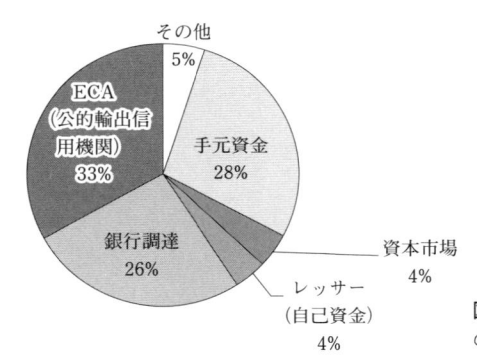

図 5.2　航空機販売に対するファイナンスの状況（2009 年）（Boeing Capital Corporation）

その他 5%
ECA（公的輸出信用機関）33%
手元資金 28%
銀行調達 26%
レッサー（自己資金）4%
資本市場 4%

機であり，1 日約 2.5 機の航空機が納入されている．一方，航空機の購入に対して組成されたファイナンス額は 2009 年で 620 億ドル（ボーイング社発表ベース，1 ドル = 80 円換算で約 5 兆円）と言われており，1 機当たり 50 億円のファイナンス規模と推定される．その内訳は図 5.2 の通り，手元資金，銀行調達，ECA（Export Credit Agency：各国の公的輸出信用機関）がほぼ 3 分の 1 ずつの構図となっている．ECA とは各国の政府系機関が自国輸出産業育成のため，相手国の対象製品の輸入業者に対して融資や保証を供与するものであり，日本では（独）日本貿易保険（NEXI）や国際協力銀行（JBIC）が対応している．一般的に，不況時には ECA 比率が，好況時は手元資金や銀行調達

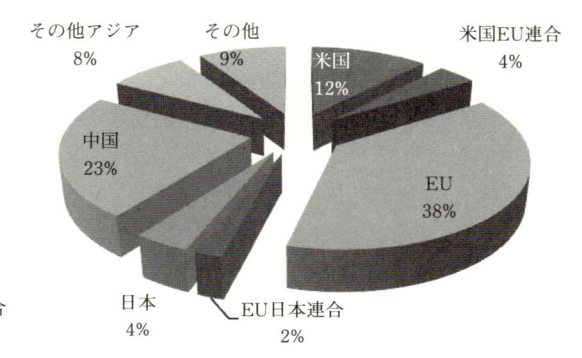

図 5.3 国別融資実行額割合
(2010, 2011 年)(Airbus)

の比率が各々高まる傾向にある．

　ECAや銀行融資の資金の出し手は金融機関だが，その担い手は時代とともに変遷する．1980年代以前は欧米系が中心であり，1980〜1990年代はプラザ合意以降の円高や国内バブルでカネ余りとなった日本の銀行が中心となる．さらに1990年以降は欧州系のインベストメントバンク（RBS, Calyon Bankなど）が中心になるなど，10年周期で主役が交代している．近年，欧州危機に前後して中国の銀行が航空機ファイナンスマーケットで存在感を増しており，航空市場のみならず金融界でもアジアの台頭が予想されている．2010, 2011年の2ヵ年における資金の出し手を国別に整理すると，図5.3のとおりである．

　ECAに代表される公的な輸出信用供与に対する枠組みとして，その透明性や公平性を確保するため，OECDにおいてAircraft Sector Understanding（航空機セクター了解）が締結されている．当初はボーイングとエアバスにおける国家的販売競争に一定の歯止めや基準を設定したものであったが，リージョナルジェット市場のボンバルディア（カナダ）やエンブラエル（ブラジル）なども対象とすることで2007年に枠組みを拡大[1]，さらに金融危機を経て2011年に一部改正している．対象は新規の航空機のみならず，中古の航空機や部品，スペアエンジン[2]なども含んでおり，主に公的支援の事業費に対する上限率（80％または85％），最長融資期間（10〜15年），金利設定基準などを定め

---

1) 参加国はオーストラリア，ブラジル，カナダ，EC，日本，韓国，ニュージーランド，ノルウェー，スイス，米国．
2) 航空機エンジンの整備時に一時的に使う代用エンジン．

ている.

　航空機の保有形態も変化している．かつてはそのほとんどが航空会社の自社保有だったが，機数の増加や機材の多様化によってリースによる保有（リース会社等（レッサー）が保有し，航空会社（レッシー）とリース契約を締結する）の割合が増加している（ボーイングによると保有する航空機がオペレーティング・リース（5.2.2 項参照）である割合は，1970 年は 0.5% だったものの，1990 年は 24.4%，2010 年には 35.7% と拡大している）．今後，新興国需要を中心とした航空機納入数の更なる拡大が見込まれるなか[3]，リース保有の割合は更に増加し，数年で約半分がリース保有になると予想されている．

5.1.2　開発金融

　近年は新機材の開発が目白押しである．エアバスの A380 に始まりボーイングの 787，その後は A350 XWB，A320 neo や 737 MAX（機体は現機材のマイナーチェンジに留め，主に新エンジンを搭載するもの）と計画されていることに加え，中小型市場ではボンバルディアの C シリーズ，中国の ARJ や C919，日本の MRJ など，まさに開発ラッシュとなっている．航空機の開発には巨額の費用を要するといわれており，A380 や B787 では納期遅れによる航空会社への遅延金支払いなども含めると数千億から数兆円単位の開発費になったとのコメントもあり，その開発費負担によっては売上高数兆円規模の企業であるボーイングやエアバスであっても赤字決算を余儀なくされることもある大きなリスクを有する事業である．

　わが国では，零戦に代表されるように，航空機産業は造船とともに戦前，戦中における主産業であったものの，戦後は GHQ によって航空機開発を一定期間禁止されたことから，この期間で世界的に発達した民間ジェット機の技術進歩に乗り遅れることとなった．しかし，禁止が解除されて以降，1980 年代には日本企業は技術的に先行した欧米企業にキャッチアップするべく彼らとの国際共同開発という方向に舵を切った．その代表的開発事業が B767 や B777，エンジンでは V2500（A320 搭載エンジン）である．

　これら国際共同開発事業は，欧米企業の最先端の技術を効率的に取り込め

　3）　ボーイングによると，現在の運航機数は約 1 万 9000 機だが，20 年後には約 3 万 9000 機になると予想している．

る一方で巨額の資金負担を強いられるものであり，国は「航空機工業振興法」を定めて航空機共同開発促進基金を設立，日本開発銀行（現日本政策投資銀行）を通じた長期資金の供与等による開発支援スキームを構築した．このスキームで支援したプロジェクトは先述の案件に加え，エンジンではCF34（リージョナルジェット搭載エンジン）やGEnx，Trent 1000（B787搭載エンジン），機体ではB787などが挙げられ，それぞれの国際共同開発案件における日本側の開発分担比率の増加等により，航空機産業におけるわが国の国際的な地位は着実に向上している．

　他方，他国でも国や州政府，その他政府系機関が航空機開発を支援する仕組みがあり，たとえばブラジルのBNDES（ブラジル国立経済社会開発銀行）などがその役割を担っている．

5.2　航空機リース

　航空機リースとは，航空会社に代わって貸し手（レッサー．通常はリース会社や総合商社）が航空機を購入し，これを借り手（レッシー）である航空会社にリースする取引を指す．航空機は非常に高額であるため，そのファイナンスは長期間に及ぶのが通常である一方，製造後20年以上を経過しても十分実用に耐えることなどから，担保としての航空機の価値は高い．航空機ファイナンスにおいては，航空機に担保権を設定して航空会社の信用を補完するのが一般的だが，資金の出し手の観点からすると，リースはより積極的に，航空機の将来中古価値に着目するファイナンス手法と位置付けられよう．ただし，サイクリックな市場において，アセットの評価には，多大な経験とノウハウが必要とされる．

　もともとの取引形態は，航空会社がメーカーから購入した航空機を，メーカーからの引渡しと同時にレッサーが買い取り，直ちにレッシーとなるその航空会社にリースする取引，いわゆる「セール・アンド・リース・バック取引」であった．ところが後述する「オペレーティング・リース」が普及するにつれて（図5.4），特に大手のリース会社がメーカーに対して直接，大量の航空機を発注する取引も行われるようになり，2010年におけるボーイング社の民間航空機受注数の約32％はリース会社によるものとなっている．このこ

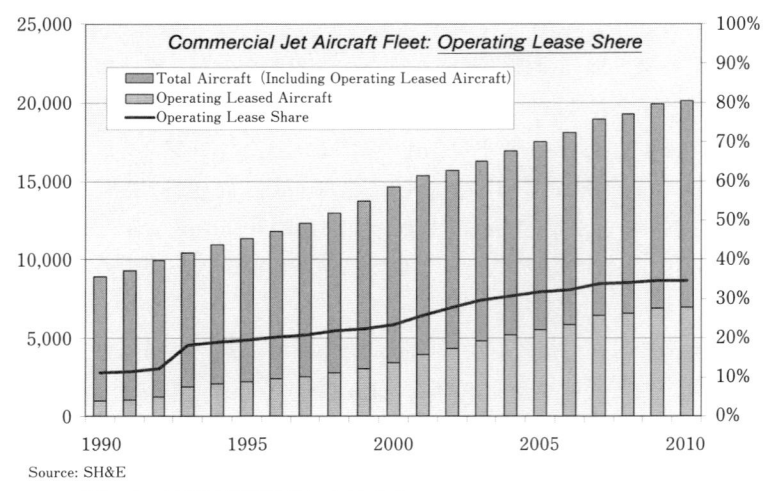

図 5.4 民間航空機総数におけるオペレーティング・リースのシェア

とは，メーカーにとっては販路が拡大する一方，リース会社は大量購入による価格メリットを享受することができ，双方に利益をもたらしていると考えられるが，リース会社の発注は必ずしも実需に基づくものではないことから，中古機相場のボラティリティ（資産の価格変動）を高める要因にもなっている．

航空機リースを大別すると，ファイナンス・リースとオペレーティング・リースに分類することができる．その最も大きな違いは，残価リスクをレッサーとレッシーのどちらが負担するかという点にある．

5.2.1 ファイナンス・リース

ファイナンス・リースは，レッサーがレッシーに航空機を貸し付け，リース料の形で (1) 航空機購入資金の全額，(2) その資金に対する金利，および (3) レッサーの利益を回収する金融取引である．航空機の場合一般的にリース期間は長く，20年超に及ぶものもある．レッサーは残価リスクを負担せず，航空機購入資金の全額をレッシーから回収するため，リース料の算出は，リース終了時の残存価格をゼロとして行う．税務・会計的な理由や，リース料の金額を小さくしたいというレッシーからの要求により，残存価格を設定して

リース料を算出することもあるが，ファイナンス・リースの場合レッシーはリース終了時に航空機を残存価格で購入する義務を負うことから，レッサーが航空機購入代金の全額を回収することに変わりはない．すなわちレッシーから見た取引の経済的効果は，「(2) 利息」+「(3) レッサーの利益のコスト」で航空機を割賦購入したのと同一となる．また同じく税務・会計面の理由から，表面上はレッシーに残存価格による購入義務が課せられず，残存価格での購入選択権 (Purchase Option) がレッシーに付与される場合もあるが，この残存価格は，その時点での予想中古機市場価格より大幅に低く設定され，実際上は購入選択権が行使されることを想定している．

5.2.2 オペレーティング・リース

ファイナンス・リースと異なり，レッサーは最初のリースで航空機購入資金をすべて回収することは意図せず，その後の売却や，リースを繰り返すことにより投下資本を回収し，利益を上げる取引である．オペレーティング・リースの登場により，カントリーリスクや信用力の制約から長期のファイナンスが組めない途上国の航空会社，財務体質の弱い航空会社，新興航空会社等も新造のA320やB737等を運航することが可能となり，より多くの旅客が安全・快適な空の旅を楽しめるようになった．もしオペレーティング・リースがなければ，LCCのここまで急激な発展もなかったかもしれない．一方，大手航空会社も次のような理由から，積極的にオペレーティング・リースを活用している．

1. オフバランスシート

    ファイナンス・リースの場合，会計上実質的には金融取引とみなされ，機体価格全額 (もしくはその大部分) が負債計上されてしまうが，オペレーティング・リースの場合は機体価格が負債計上されないため (リース期間中に支払うリース料が脚注に記載されることはある)，財務指標を健全に保つことができる．

2. リース会社のデリバリーポジションの活用

    新造機のリードタイムは通常約2年であり，急な機材ニーズが発生した場合，大手リース会社がメーカーに対して発注している航空機のリースを受けることで，タイムリーな機材導入が可能となる．

表 5.1 世界の航空機リース会社大手 10 社の保有／管理機体数, 発注残数

(2011 年第 1 四半期)

	大手リース会社	保有・管理機	発注残（機数）	合計
1	GE CAS	1,781	269	2,050
2	ILFC	1,015	235	1,250
3	CIT Aerospace	253	148	401
4	AerCap	345	28	373
5	Aviation Capital Group	248	119	367
6	RBS Aviation Capital	252	90	342
7	AWAS	308	18	326
8	Babcock & Brown	212	105	317
9	Air Lease	59	219	278
10	BOC Aviation	162	66	228

三菱商事調べ

3. 機材保有に伴う残存価値リスクのヘッジ

需要の不透明さや物件陳腐化の恐れなどから，将来を見越した発注が困難な場合や，長期間にわたり当該機材を使用することが見通せない場合，オペレーティング・リースの利用により将来の残存価値リスクをヘッジすることができる．

4. セール・アンド・リース・バック取引

数年後に退役が決まっている自己保有の航空機を，リース会社等に一旦売却し，オペレーティング・リース形式で必要な期間だけリース・バックを受けることにより，機材の売却処分を前もって確定することができる．

残価リスクをマネージしてオペレーティング・リース事業を遂行するには，金融に関する知識に加え，航空機を有利な条件で購入するノウハウ，航空機に関する技術的知識，航空機需要に関する市場分析能力，機材リマーケティングのための世界的なネットワーク，ある程度のポートフォリオ規模を構築するための資金力等が必要で，わが国では主に総合商社が取り組んでいる．この業界には多数のプレーヤーが存在するが，業界第 1 位の GE コマーシャルアビエーション・サービス社と同第 2 位のインターナショナル・リース・ファイナンス・コーポレーション社の 2 社で 50% のマーケットシェアを占め，また上位 20 社でリース機材の 90% を所有していることを見ても，この業界で競争力を維持するためには，一定の事業規模を確保する必要があると考えられる．

5.2.3 アセット・ファイナンスにおける航空機の特徴

　アセット・ファイナンスとは，資産の価値を利用して資金調達するファイナンス手法のことで，航空機リースもその一種と言える．企業の信用リスクを基に資金調達するコーポレート・ファイナンスとは異なり，資産の価値を頼りにファイナンスが行われることから，対象となる資産としては，流動性が高い不動産や設備資産である船舶等もあるが，航空機は特に人気が高い．その理由として次の点が考えられる．

1. 中古市場において安定的に価値を維持していること
- 航空運送需要は毎年成長を続け，この需要を支える航空機の数も増加の一途をたどっている．一方航空機メーカーの数は限られており，事業の性質上，航空機製造業への新規参入も大変難しいことから，一時的に需給バランスが崩れることはあるにせよ，航空機が供給過多になるリスクは比較的小さい．
- 航空機においては技術の陳腐化がスローであり，他の動産資産に比してそのライフサイクルが長い．通常でも25〜30年以上使用されるが，貨物機への改修などにより更に長期間使用されるものもあり，なかには50年以上前の機体でも使用されている例がある．
- 航空機の運航において義務付けられている定期的な点検整備により，中古機コンディションの個体差がある程度の範囲に抑えられている．
- 最終的にスクラップとして処理される場合であっても，部品の一部は補用部品として再利用が可能であり，またレアメタルのサルベージ等によってもある程度の価値が見込めることから，残存価値がゼロとならない．
- 物理的に国をまたがっての移動が容易であるだけでなく，国際的に共通の評価額形成が行われており，クロスボーダーでの流動性が確保されている．
2. 国際的な所有権保全，占有回復制度の整備状況
- 航空機は動産でありながら，世界共通の制度の下，各国において登録制度がよく整備されていることから，その所有権の保全度合いは通常の動産に比してはるかに高いと言える．
- 航空機ファイナンスの組成を容易にするため，米国ではレッシーに対し

て破産・会社更生手続きが適用された場合に，レッサーがより簡便な手続きでリース機の占有を回復できるよう法制度が整備されている．また各国において，破産・会社更生手続き下において，レッサーによる円滑なリース機の占有回復を妨げないよう法の整備を求める条約（ケープタウン条約；本章末のトピック9参照）の批准国が増えつつある．
3. 金融技術の発達により投資家のニーズにマッチした金融商品が開発されていること
- 政府輸出金融を利用することで，レッシー倒産時の債権保全やレッシーの信用補完といったリスクヘッジを可能とするなど，投資家にとって手を出しやすい商品が開発されている．
- 航空機リースにおいて使用される特別目的会社（SPC：Special Purpose Company）は，そこへの譲渡が真正売買であることからエアラインの倒産リスク隔離がなされている．したがって投資家としては，最悪の場合であっても航空機というアセットの確保により，破産債権関連のスキームから離脱できる仕組みとなっている．また，国際担保権に関するケープタウン条約の批准が更に拡大すれば，海外エアライン倒産時の法的リスクを減らすとともに，リスクプレミアムの更なる引き下げも可能となる．
- 匿名組合契約を利用したアセット・ファイナンスでは，SPCの借入・出資等の資金調達において優先劣後構造を組み入れること（トランチング）により，ローリスク・ローリターンからハイリスク・ハイリターンまで，投資家のニーズに応じた金融商品を提供することが可能となる．

これらの特徴により，アセット・ファイナンスにおいて航空機は特に人気が高いが，一方で以下のようなリスクが存在することも念頭に置く必要がある．

1. 航空機価格は全世界的に米ドルで評価されることとなるため，円建ファイナンスの場合には残価において為替リスクを負うことになる．
2. 大型機の場合，エアラインによって客室仕様が大きく異なること，その改修には多大な費用がかかること，また運航の担い手であるエアライ

ンも小型機に比べ限定的であることなどから，市場における流動性が損なわれる可能性がある．
3. 特定機種において早期に製造中止になったような場合（MD90やB717），市場での価格が急落し，流動性が事実上無くなってしまう場合がある．

5.2.4 ウェット・リース

　ウェット・リースとは，航空機をリースする際に機体だけでなく運航乗務員や客室乗務員，機体整備など航空機の運用に必要なものすべてをまとめてリースする契約のことを言う．これによりエアラインは，運航管理や整備といった業務に必要となる各種施設の保有や，必要となる人員の確保から発生する莫大な固定費を回避することができるほか，需要に応じた柔軟なフリート構成を実現することが可能となる．また，このウェット・リースに損害保険を加えた形態をACMI（Aircraft, Crew, Maintenance, Insurance）と呼び，貨物航空の分野ではそれを特徴とするエアラインも存在する．

　わが国においてはエアラインによる自社運航・自社整備が大原則となっており（航空法第100条，第104条ならびに第113条），ウェット・リースは「運航委託」という形で非常に限定的に認められるのみであった．2000年の航空法改正により，ウェット・リースは113条の2に言う「業務の管理の委託および受託」という形でようやく明文にて認められることとなったが，安全性の観点から依然として国土交通大臣の許可を得て初めて可能となる運用形態であることに変わりはない．またその許可の要件も，受託者にエアラインであることの適格性や対象機材の運航に係わる適格性，マニュアルの技術基準や整合性が求められること，一方で委託者には対象機材の実運航や委託の管理が求められる他，運航自体が受託者のマニュアル等の基準に則って行われなければならないなど制約が多く，実際にはレッサー，レッシー共に同型の航空機を同様の形態で運用するエアラインでなければ認められることが難しいものとなっている．

　航空会社にとっての難題である，「ボラティリティの高い需要にあわせたフリート構成」を実現するに有効な手段であるはずのウェット・リースであるが，上述のようにわが国では法制度上その役割を果たせる環境が整っていないというのが現状である．

トピック9 ケープタウン条約

ケープタウン条約とは，航空機（エンジン，ヘリコプターも含む），鉄道車輌，宇宙物体といった，国際間を容易に移動する高額物件のファイナンスに関する国際ルールである．同条約は，本体条約と物件ごとに策定された議定書との2層構造となっており，本体条約は「可動物件の国際的権益に関する条約」，航空機に関する議定書は「可動物件の国際的権益に関する条約への航空機設備に特有な事項に関する議定書」という．2001年11月にケープタウンで開催された外交会議で採択され，2006年に発効した．現在，批准国は，米国，EC（欧州委員会），中国，インドを含む44ヵ国・地域となっており，日本は未批准である（2012年3月時点）．

ケープタウン条約は，これまで各国ごとに異なっていた航空機等の対象物件の担保契約，所有権留保売買およびリースについて，統一的な国際的権益とその国際登録制度を創設することで，担保権の優先順位を定めるとともに，債務不履行や債務者の倒産といった法的問題が生じた場合にも，透明性・予見可能性の高い手続きに基づき救済がなされることを可能としている[1]．この結果，債権者の法的リスクが軽減されるとともに，それにより債務者は低い資金コストで航空機を調達できることが期待される[2]．また，ケープタウン条約では，各国の国内法との整合性を考慮し，批推国が宣言することで多くの規定についてその適否を選択することが可能となっている．このため，OECD（経済協力開発機構）における輸出信用機関による航空機ファイナンス支援ルール[3]では，ケープタウン条約締約国のうち，一定の規定についてその適用を宣言している国については，リスクプレミアムの最低プレミアム料率を約10%割り引くこととしている．

ケープタウン条約は，今後の航空機ファイナンスにおける国際標準となる取り決めである．近年，原油の高騰や世界的な金融危機等により航空会社の経営環境は厳しさを増しており，こうしたなかで航空会社の資金調達手段を多様化するという観点からも，わが国においてケープタウン条約の批推について関係者間で検討することは意味のあることであろう．

---

1) 増田晋，垣内純子：可動物件の国際的権益に関する条約および航空機議定書の概要と仮訳，国際商事法務，Vol. 30, No. 7, 2002.
2) 小塚荘一郎：資産担保金融の制度的条件——可動物件担保に関するケープタウン条約を素材として，上智法学論集，第46巻3号，2003.
3) OECD: ATD/ASU（2011）1, Sector Understanding on Export Credits for Civil Aircraft, 2011.

第6章 地球環境問題への対応

　航空機から排出される温室効果ガスは，それほど大きくはないものの，今後の航空輸送量の急増に伴い，看過できない状況になりつつある．そこで，地球環境問題に関するICAO（国際民間航空機関，国連の専門機関）での取り組みやEUで導入されている排出量取引制度等を解説する．また，代替燃料等，環境問題に対する技術的な動向と今後の方向性についても取り上げる．

6.1　現状と課題

6.1.1　航空部門のCO_2排出量と今後の見通し

　全世界で排出されているCO_2のうち，交通分野からのものは全体の13%，さらに航空部門はそのうち13%であり，航空機から排出されるCO_2は，世界全体の排出量の約2%にとどまっている[1]．しかしながら，航空輸送は最も成長が目覚ましい交通分野の1つであり，1990年から2009年までの20年間の世界の航空輸送量は，1970年から1989年までの20年間の輸送量の4倍に増加している[2]．図6.1に示すように，今後も航空旅客輸送量はアジア太平洋地域を中心に成長が見込まれており，15年後には倍増，2050年には2000年の400%にまで達するとの予想もある[3]．その結果，技術革新による航空機の燃料効率の改善にもかかわらず，民間航空によるCO_2排出量は2050年までに約2〜5倍になると予想されている[4]．このうち，国際航空によるCO_2排出量は，現時点では航空全体の約半分，すなわち，世界全体の排出量の約1%程度

---

1) IPCC, Special Report on Aviation and the Global Atmosphere, 1999.
2) ICAO, Environmental Report 2010, 2010.
3) WBCSD, Mobility 2030, 2004, pp. 36–37.
4) IPCC, 1999, 前掲．

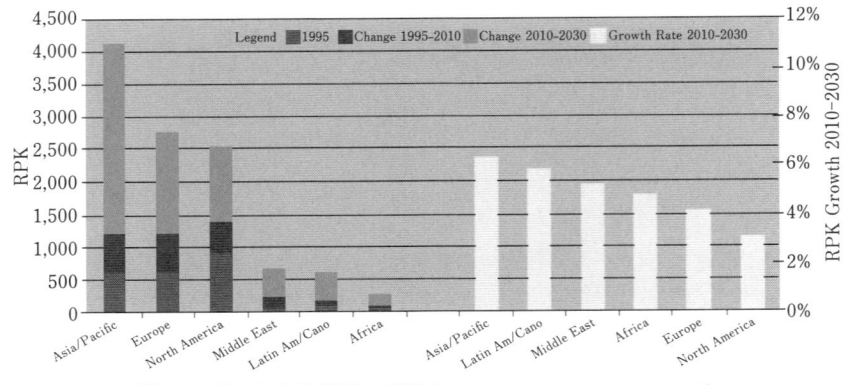

図 6.1 航空旅客輸送量の予測（ICAO Environmental Report 2010）

であるものの，1990年から2004年までの間に輸送量が52%も増加しており[5]，今後も国内航空以上に高い成長が見込まれている．このように，航空部門，特に国際航空部門からのCO_2排出量は，看過できないものとなりつつある．

6.1.2 温室効果ガス削減に向けた取り組み

航空部門からの温室効果ガスの削減のためには，複合的なアプローチが必要となる．図6.2は，温室効果ガス削減のための主な要因を図示したものであり，①技術革新，②航空交通管理の改善，③低炭素燃料，といった措置を講じることで，長期目標が達成されるとしている．

実際，燃費効率はこの40年間で7割向上しており，UPR（User Preferred Route）やCDA（Continuous Descend Arrivals）といった効率的な運航方式も導入されている．また，低炭素燃料についても，バイオ燃料等の研究やデモフライトが進められてきている（6.3.1項参照）．

しかしながら，こうした取り組みをさらに強力に推し進めるためには，明確かつ定量的な目標を関係国で共有し，各国が責任を持ってその実施に当たることが求められる．

---

5) ICAO, GIACC/2-IP/2 (26/6/08) Revision No. 1 (14/7/08), Aviation Data (Presented by the Secretariat), 2008.

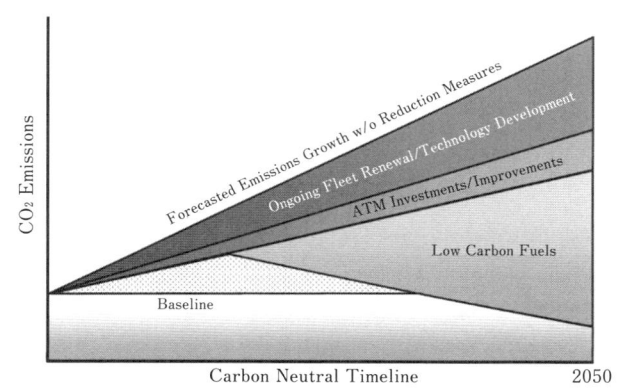

図 6.2 航空部門からの CO_2 排出に向けた主要因
(Presented to ICAO GIACC/3 February 2009 by Paul Steele on behalf of ACI, CANSO, IATA and ICCAIA)

6.1.3 UNFCCC, 京都議定書における位置づけ

温室効果ガスの削減に関する国際的な枠組みとしては，UNFCCC（United Nations Framework Convention on Climate Change：気候変動に関する国際連合枠組条約）と1997年に締結された京都議定書がある．京都議定書では，CBDR（common but different responsibilities and respective capabilities：共通だが差異のある責任）の原則に則り，先進国を中心とする附属書Iに記載された国のみが，国ごとに温室効果ガスの削減目標を設定し，目標期間までにそれを達成することが義務付けられている．しかしながら，航空に関して国ごとの削減目標の対象とされているのは国内航空のみであり，国際航空については国連の専門機関である国際民間航空機関（ICAO: International Civil Aviation Organization）を通じて活動することとされている．さらに，2011年に開かれたCOP17（第17回締約国会議）で，京都議定書の延長が合意され，2012年秋のCOP18で5年または8年の延長期間が決まることになったが，わが国およびカナダ，ロシアは国ごとの削減目標からは離脱する意向を示しており，わが国では国内航空についても対象外となることとなる．

6.2 ICAO における取り組み

6.2.1 グローバル目標の設定

　先述のとおり，京都議定書により国際航空からの温室効果ガス削減に関する活動を委任された ICAO では，そのための行動計画を策定するため，2008年1月に GIACC (Group on International Aviation and Climate Change) が設置された．GIACC は，ICAO に加盟する全地域を代表する15ヵ国[6]の政府高官で構成された．GIACC での検討は難航したが，その主な理由の1つに，ICAO の設立根拠となっているシカゴ条約（国際民間航空条約）が前提とする非差別原則 (non-discrimination and equal and fair opportunities to develop international aviation) と，京都議定書に掲げられている CBDR の原則とが本質的に矛盾する内容となっていることがある．環境対策に積極的な欧州等は前者の原則を主張し，成長の制約を嫌う途上国は後者の原則を主張して激しく対立した．議論の過程では，排出量の絶対値に基づく削減目標の設定は，各国間で差が大きく非常に困難であったため，日本側より，各国間での差が非常に小さい燃料効率性指標 (fuel liter/RTK: Revenue Tonne Kilometre) を基に議論すべきことが提案され，これが各国に受け入れられて合意に至った経緯がある．

　こうした議論の末に2009年5月に策定された行動計画は，2009年10月に，ICAO のハイレベル会合において了承された．行動計画自体に法的拘束力はないものの，「世界全体で毎年2%の燃料効率の改善を2050年まで実施する」とのグローバル目標が合意されており，気候変動に関する世界で初めてのセクター別のグローバルな合意として注目されている．さらに，ハイレベル会合では，気候変動に寄与する航空部門からの排出ガスの絶対値を安定化ないし減少させるためには，年2%の燃料効率改善のみでは十分ではないとして，2010年9月に開催される第37回総会までに，「さらに野心的な目標について検討する (exploring the feasibility of goals for more ambition)」ことが合意さ

---

6) 日本，オーストラリア，ブラジル，カナダ，中国，ドイツ，インド，メキシコ，ナイジェリア，ロシア，サウジアラビア，南アフリカ，スイス（英国（第3回会合），オランダ（第4回会合））および米国．

表 6.1　ICAO のグローバル目標と京都議定書の比較

	グローバル目標 （国際航空が対象）	京都議定書 （国内航空も対象）
目標年・期間	短期：2012 年 中期：2020 年 長期：2050 年	2008〜2012 年 （2012 年の COP18 で 5 年または 8 年延長される予定）
削減目標	・2050 年まで，世界平均で毎年 2% の燃料効率改善（RTK ベース） ・2020 年以降，世界全体での炭素ガス純排出量を同レベルに保つよう努力	各国で目標設定（先進国全体で少なくとも 5% の温室効果ガス削減（1990 年比））
参加国	ICAO 加盟国 190 ヵ国	批准国 187 ヵ国 （うち附属書 I 国は 40 ヵ国・地域．当初，米・中は含まれないが，今後含まれうる）
法的拘束力	なし	あり

れたほか，炭素税や排出量取引等の「市場ベースの措置（market based measures）」の枠組み策定のプロセスを確立することとなった．

しかしながら，第 37 回総会では大きな進歩はみられなかった．総会では，上記のグローバル目標を再確認したうえで，2020 年以降の中期的な共同目標として，国際航空からの炭素ガスの純排出量を 2020 年と同水準に保つよう努力することを決議したほか，各締約国に対し，2012 年 6 月までに，CO_2 排出量削減のための行動計画を ICAO に提出するように求めた．一方で排出量取引等の市場ベースの措置については，次節で詳述する通り，各国の足並みがそろわなかった．

このため，ICAO における具体的な成果は，現時点では，グローバル目標の設定ということになるが，これも法的拘束力をもたず，また，加盟国全体の平均値が目標となっており，各国に割り当てられた明確な数値目標がないことから，実効性については自ずと限界がある．表 6.1 は，参考までにグローバル目標と京都議定書を比較したものである．

6.2.2　EU における排出量取引制度との関係

先述のとおり，2009 年に ICAO で GIACC が設立され，グローバル目標が設定されたが，この背景には EU における排出量取引制度の動きがあった．

1997 年の京都議定書により国際航空と地球環境の問題について役割を与え

られた ICAO は，10 年ほど経っても，具体的な成果を上げるに至らなかった．こうしたなか，環境問題に積極的な EU は，2006 年末までに，欧州発着の航空会社を EU 独自の排出量取引制度（EU-ETS: European Union Emission Trading Scheme；詳細については，本章末のトピック 10 を参照）に一方的に組み込む提案を行った．しかし，ICAO では，当時有効であった 2004 年の総会決議に基づき，国際航空分野を対象とする排出量取引に関わるガイダンスの最終策定段階にあり，同ガイダンスでは，外国の運航者を排出量取引制度に組み込む場合には，相手国の合意が必要とするとの方向でまとまりつつあった．このため，EU が提案した内容はこれに反するものとして，米国，日本等は激しく反対した．

　この事態を受け，ICAO は，2007 年 9 月の第 36 回総会の決議として，①シカゴ条約の「非差別原則」と京都議定書に基因する「共通だが差異のある責任（CBDR）」の両方の原則を尊重すべきこと，②国際航空に関する燃料効率性ベースの世界的な意欲的目標を定めること，航空機，航空機燃料，航空交通管理を利用する効率的な運用，経済的な措置を組み合わせた総合的な対応をとること，および各国から燃料消費量などについて ICAO に報告しモニタリングを行うことを内容とする「行動プログラム」を策定すること，③排出量取引を外国の運航者に適用する場合には当該国との合意を必要とすること，を決議した（ただし，EU は③については留保した）．このうち，②の事項を検討するため設置されたのが，先述の GIACC であった．

　こうして，2009 年 10 月に開催された ICAO のハイレベル会合の場で，世界全体で毎年 2% の燃料効率の改善を 2050 年まで実施するとのグローバル目標を含む行動計画が了承され，2010 年秋に開催される総会までに，さらに野心的な目標について検討するとともに，排出量取引等の市場ベースの措置の枠組みについても議論されることが合意された．

　しかしながら，その後の検討過程では，ICAO において全地球規模での市場ベースの措置を構築すべきとする米国や日本等に対して，EU は，EU-ETS は全地球規模での排出量取引制度が導入されるまでのいわば過渡的な役割を果たすものであると主張し，一方で，中国をはじめとする途上国は，EU-ETS の適用に反発するとともに CBDR 原則を声高に主張し，合意点が見いだせなかった．

結局，2010年10月に開催された第37回総会の決議には，市場ベースの措置に関して15項目からなる指針（guiding principles）が付録（annex）として含まれ，それに基づいて今後枠組み作りの作業を進めることとされた．しかしながら，同指針は，市場ベースの措置は透明で簡素であるべきことや国際航空部門と他部門を公平に扱うべきで重複すべきでない，といった基本的かつ抽象的な内容にとどまっている．さらに，途上国への配慮から，国際航空活動が有償トンキロで総量の1%を下回る運航者に対する特別な取り扱いを規定（de minimis 規定）する旨が同指針にも盛り込まれた．なお，EU 諸国はこの決議について態度を留保している．

このように，第37回総会では，顕著な成果を上げることができなかったばかりか，de minimis 規定を導入するなど，ICAO の基本原則である非差別原則の例外を認める可能性を孕んでおり，今後の ICAO での議論の進展が懸念されるところである．

6.2.3 今後の見通しと改善に向けて

地球温暖化問題については，ICAO がイニシアティブをとることが適切でありそのように委任され，2011年の COP17 で，京都議定書の延長について合意がなされた結果，国際航空に関する ICAO での取り組みはさらに重要度を増している．それにもかかわらず，ICAO では実効性のある具体的な対応がなかなか取れないでいる．合意がなされた行動プログラムも，全締約国が全体として目指すグローバルな削減目標にとどまり，個々の国に責務を割り当てるものではないうえ，その達成手法は，ICAO が提供する対策メニューから各国が自国の状況・能力に応じて選択し，自主的に行動計画を作成・提出することとされている．このため，CO_2 削減への貢献度も国により大きく異なると言わざるをえない．

さらに，排出量取引については，ICAO においてその枠組みを議論することとされているにもかかわらず，EU-ETS の航空部門への導入が2012年に実行に移された．しかしながら，やはり地球温暖化という地球規模の問題に対処するには，EU という限られた地域ではなく，ICAO という地球規模の機関で議論・対応することが望ましい．このため，ICAO における排出量取引等の措置に関する議論の早急な進展が待たれる．

ICAO での議論を進めるためには，まず，ICAO における非差別原則と京都議定書の CBDR の原則についてどのように折り合いをつけるのか，de minimis 規定をどう取り扱うのか，という根本的かつ困難な原則論に立ち戻る必要があり，今後の見通しは必ずしも明るいとは言えない．しかしながら，今後 EU-ETS の導入結果が明らかになることで，ICAO での議論が加速化される可能性もある．

EU-ETS の経済的な影響については，さまざまな試算がなされており，2006 年に出された欧州委員会のワーキングペーパーでは，2020 年までに排出枠の価格が 6 ユーロである場合は 0.3% から 0.4% の航空部門の需要減が，30 ユーロである場合は 1.5% から 1.9% の需要減が生じうるものの，航空部門全体では 133% の需要増が見込まれているため問題はなく，一方で CO_2 の削減効果については，2005 年の水準に比べて 2020 年までに 46%（1億 8000 万トン）の削減が見込まれるとしている．しかしながら，別の試算では，航空会社は平均して排出量の 40% にあたる排出枠を購入しなければならず，排出枠の価格が 1 トン当たり 25〜40 ユーロとした場合には，2012 年だけで 18〜19 億ユーロ（4.58 億トン CO_2）の費用が生じるとされている[7]．また，国際航空運送協会（IATA）では，業界全体での年間の EU-ETS 費用は，2012 年の 9 億ユーロから 2020 年までに 28 億ユーロに上昇するという推計をしている．ただし，市場における排出枠は供給過剰の傾向にあるため，排出枠の価格は 7 ユーロ前後の低価格で安定するとの見方もあり，実際の影響は不透明である．

EU-ETS については，わが国を含めて依然として多くの国や航空会社が反対を表明しており，ICAO でも EU 以外の国の航空会社への一方的な導入を控えるべきとする理事会決議が採択されている（EU は留保）．米国の大手航空企業の業界団体は，EU-ETS の米国航空会社への適用は EU 領域以外を通過する輸送への域外適用のため国際法違反であるとして，EU 裁判所にて争うなどの行動を起こしている．中国の航空輸送協会も EU-ETS により中国の航空会社に約 9500 万ユーロの負担増が生じるとして激しく反対し，中国政府も CBDR 原則に反するとして中国の航空会社に対して EU への支払いを拒否するよう命じている．さらに，中国の航空会社がエアバス社からの一部の航空

---

7) 岡野まさ子，日原勝也，鈴木真二：国際民間航空と地球環境問題――排出量取引制度と航空（その 2），日本航空宇宙学会誌，第 60 巻第 3 号，2012.

機の購入について延期または取り消しをしたと報道されており，貿易紛争の様相も呈している．今後，実際に EU-ETS による CO_2 削減効果や航空会社への経済的負担増等について正確な情報が開示され，それに基づき定量的な分析がなされることで，多くの国や関係者の間で問題意識を共有することが可能となり，それによって ICAO における議論が進むことが期待される．

6.3　環境技術の動向と今後の方向性

　グローバルな目標が ICAO により設定され，目標値達成という社会的責任と，環境負荷低減技術でのリーダーシップ獲得のため，各地域での技術的な落とし込みが進んでいる．本節では，前節に引き続き CO_2 排出削減に焦点を当てて地球温暖化防止のための世界の技術開発動向を整理する．さらに，特に大規模なプロジェクトが稼働している欧州と米国の環境技術プロジェクトを紹介する[8]．

6.3.1　CO_2 削減に対する技術動向

　ジェット機の時代が到来した 1950 年代から，航空機の性能は飛躍的に発展していて，たとえば CO_2 削減に直接寄与する燃費性能は 70% も改善されている[9]．しかし一方で，近年の航空機交通量の増加は甚だしく，産業界による環境性能向上の地道な努力をオフセットしてしまっている．2000 年から 2006 年の間では毎年 1.6% もの燃費改善が達成されたにもかかわらず，同時期の炭素排出総量は，毎年 2.3% 増加しているとの報告もある[10]．そこで徹底的な

---

[8]　本項は，以下の記事を基に記載された．
　　 中村裕子，鈴木真二：「航空と地球環境問題」世界の取り組み俯瞰，日本航空宇宙学会誌，第 59 巻第 684 号，2011，pp. 2–7.
　　 H. Nakamura, Y. Kajikawa, and S. Suzuki: Innovation for Sustainability in Aviation: World Challenges and Visions, in *Technological, Managerial and Organizational Core Competencies: Dynamic Innovation and Sustainable Advantage*, F. S. Nobre, D. S. Walker, R. J. Harris Eds., IGI Global, USA, 2011.

[9]　Blackner, A.: Environmental Technologies Update, 東京大学・ボーイング Aviation Environment Workshop, 東京大学，May 2010

[10]　Szodruch, J. and Schumann, U.: DLR Climate Research and Aircraft Technologies, ICAS Aviation and Environment Workshop, Sep. 2009.

CO_2 排出削減に向けて現在さまざまな要素技術が検討されているが，それらは以下の6つの方向性にまとめられる．(a) 機体の軽量化，(b) 空気抵抗の低減，(c) エンジンの燃費向上，(d) システムの最適化，(e) 飛行経路の最適化，(f) 低炭素燃料，である．以下，それぞれの概要を見ていこう．

(a) 機体の軽量化

機体の軽量化については，アルミ合金などより軽量で剛性の強い CFRP（炭素繊維複合材料）の積極的利用のための技術開発が盛んで，最新鋭の航空機 B787 機では，CFRP の航空機構造材料への適用度が50%にのぼった．これは，B777 機が11%であるのに対し，飛躍的な導入である．さらに，エアバス社が現在開発中の A350 XWB 機では53%と，着実に CFRP の適用は伸びている．しかし，さらなる軽量化のためには，今のようなアルミを単に CFRP で置き換える適用には限界があり，機体の構造を CFRP の特性に合わせて設計をするなどの研究が行われている．たとえば NASA では，従来型の CFRP の安全寿命（safe life）を考えた設計思想から，金属とステッチ止めの CFRP といった，部分的な損傷がおきても他の部材が補強を担い安全性を担保するフェールセーフ（fail safe）の設計思想に転換することで，設計荷重と耐破壊性を高め軽量化につなげる方策を検討するなど，従来と異なる使用法が模索されている．

(b) 空気抵抗の低減

空気抵抗・機体軽量化両面への貢献が期待できるとして，翼と胴体が一体化した BWB（Blended Wing Body）の研究が各地で提案されている．その革新的な形により，空力抵抗低減や揚抗比改善など，高い空力性能が期待される一方で，胴体断面の形状が機内予圧に不向きのため構造上の重量増加，さらに窓のない機内に対する乗客の予想される反応等，議論および解決されるべき課題は多い．また現状の機体形状の改善として，CFD（数値流体力学）による最適化，制御技術によるエルロンなど動翼の最適操作，CFRP による翼の高アスペクト比化などが開発されている．

(c) エンジンの燃費向上

エンジンの燃費向上は，CO_2 排出削減には効果が大きいものの，技術的課題が多い．燃費の向上には，推進効率の向上と熱効率の向上の2つの方法が存在する．推進効率の向上は主にバイパス比（1.1.3 項参照）の増加によって

達成されたが，さらなる向上のために減速ギアが導入され，オープンローター化（1.2.1 項参照）も検討されている．熱効率の改善は，従来は燃焼室の高圧化，高温化によるものが主体で，現在は耐熱性に優れたセラミックス複合材料への期待も高い．さらに，これまで航空用としては不向きと考えられてきた中間冷却器の導入も欧州を中心に検討されている．

(d) システムの最適化

2 つの"システム"の最適化が重要である．第 1 は，航空機という大きなシステムである．機体とエンジンそれぞれで計画されている技術発展は，航空機というシステムに統合されたときにその環境性能が発揮されなくてはいけない．かつて 1980 年代にオープンローターが盛んに研究された頃，高い燃費性能の一方で騒音が懸念され，エンジン機体統合の際に防音材が多く必要とされたため重量が嵩み，航空機というシステム全般では当初期待されたほどの燃費性能が達成されず，その他の要因も重なってプロジェクトが中止されたことがある．システム統合の視点は重要で，次項で紹介する各地域のプロジェクトでも，システム統合を鑑みた性能予測計算などが行われている．

第 2 は，電気系統に関するシステムである．ジェットエンジン出力の数 % は推力以外の発電，油圧や高圧ガス源として利用する抽気等に消費されている．現代のジェットエンジンの性能改善において，その数 % は大きく，さらなる改善が望まれている．そのような背景のなか，エンジンからの抽気を行わない non-engine-bleed システムや集中油圧システムを保有しない non-hydraulic システム，さらに再生用燃料電池システムなど，航空機の電動化による航空機システム全体からの燃費性能最適化が行われている．

(e) 飛行経路の最適化

飛行経路は航行援助施設の配置や空域制限などにより決定されており，最短距離であるとは限らない．航法技術の発展や，異なる空域管理者間の連携，さらに風の情報を迅速に反映させ飛行経路を最適化することによる燃料消費の削減が大きく期待されている．たとえば米国連邦航空局，オーストラリア管制会社，ニュージーランド管制会社が中心となった ASPIRE（ASia and Pacific Initiative to Reduce Emission）プロジェクトなど各地で関係機関の協力が進んでおり，最新の気象情報に基づく経路生成，直線的な着陸降下（CDA: Continuous Descent Approach）などの実証飛行が行われている．

(f) 低炭素燃料

上記 ASPIRE では，バイオ燃料をジェット燃料に混ぜた飛行試験も実施している．バイオ燃料は CO_2 を吸収した植物から燃料を製造するので製造時の CO_2 排出をのぞけば CO_2 は増加しないとされている（カーボンニュートラル）が，コストおよび製造量が課題である．なお，かつてはバイオ燃料の原材料として小麦など食用の種子が主流であり（バイオ燃料第一世代），発展途上国の食糧不足につながると批判[11]されていたが，食用に適さない植物（稲わらなど従来廃棄されていたものを含む）を原料とする第二世代バイオ燃料を経て，現在主流のバイオ燃料第三世代では，植物の育成に適さない水や土で1年に複数回収穫できる藻が原料として検討されており，温暖化対策と発展途上国での産業育成の双方の面で期待されている[12]．一方，航空機の代替燃料仕様について，石炭，天然ガス，バイオマスから Fisher-Tropsch 法（FT 法）で生成された合成炭化水素の 50% までの混合を認証する米国試験材料規格（ASTM）D7566 が 2009 年 9 月に異例の速さで発行された．水素化収理および FT 合成法とバイオ燃料生成過程は類似しており，D7566 でバイオ燃料は付録（annex）として承認されている．航空機での代替燃料導入のための規格面での準備も着実に進められていることを示している[13]．

6.3.2 欧州および米国の環境技術開発プロジェクト

本項では，欧州と米国で見られる大規模な環境技術開発プロジェクトについて紹介する．数億ドル以上の予算からもわかるように，環境技術の発展は世界的に重要視されている．

(a) ACARE 2020 と Clean Sky

欧州における亜音速輸送システム開発ビジョンとして地域の産業の共通指針を示しているのが，2001 年に発足した ACARE（Advisory Council for Aeronautics Research in Europe：欧州航空調査諮問委員会）の報告書 ACARE 2020

---

11) たとえば Hansen, E. G., F. Große-Dunker, and R. Reichwald: Sustainability Innovation Cube — A Framework to Evaluate Sustainability-Oriented Innovations, *International Journal of Innovation Management*, 13, 2009, pp. 683–713.

12) たとえば http://www.sustainableaviation.co.uk.

13) より詳しくは，航空機国際共同開発促進基金「航空機燃料の将来」(http://www.iadf.or.jp/8361/LIBRARY/MEDIA/H21_dokojyoho/H21-5.pdf)．

表 6.2　代表的なプロジェクト

プロジェクト名	Clean Sky	ERA
基となるビジョン	"ACARE: A Vision for 2020"	"NASA subsonic transport system level goals: N＋2"
CO_2 削減目標	－50%（2000 年比）	－50%（2005 年比）
NO_x 削減目標	－80%（2000 年比）	－75%（CAEP 6 比）
Noise 削減目標	－50%（2000 年比）	－42 dB（Stage 4 比）
a) 機体の軽量化	GRA	Stitched Composite Concept
b) 空気抵抗の低減	SFWA, GRA, GRC	Hybrid Laminar Flow Control
c) エンジンの燃費向上	SAGE	Ultra high bypass ratio propulsor (UHB), Open Rotor
d) システムの最適化	SFWA, GRA, GRC	Vehicle Systems Integration
e) 飛行経路の最適化	SGO	＊2
f) 低炭素燃料	＊1	＊3

＊1 欧州を含む低炭素燃料に関するプロジェクト例：ALFABIRD
＊2 米国を含む飛行経路の最適化に関するプロジェクト例：ASPIRE
＊3 米国を含む低炭素燃料に関するプロジェクト例：CAAFI

(European Aeronautics: A Vision for 2020) と，2 つの SRA (Strategic Research Agenda：戦略的推進計画) である．そこでは，運航コストや事故の削減とともに，2000 年比で，50% の騒音低減，80% の NO_x 排出低減，さらに 50% の CO_2 排出低減が目標に設定されている（表 6.2）．近年では，ACARE 2020 が作成されていた 2000 年から大きく変化した航空交通（たとえば 9・11 テロやリーマンショックの影響など）や技術開発動向を考慮にいれた Beyond Vision 2020 (Towards 2050) が，最新かつ長期的なビジョンとして作成されている．

ACARE 2020 で示した目標達成のため，2008 年には Clean Sky プロジェクトが，第 7 回欧州連合研究枠組みプログラム (FP7: Research Framework Programme) の一環として発足した．ACARE 2020 ビジョン達成につながる低炭素排出・高効率技術革新の実証として，6 つの統合技術実証パートから編成されている．1 つ目は，SFWA (Smart Fixed Wing Aircraft：高性能固定翼航空機) 開発で，高性能固定翼概念のための受動的および能動的層流制御技術アクティブ翼 (Active Wing) 技術の開発を目的とする作業ユニット SFWA 1，SFWA 1 で検討される技術の機体システムへの統合を目的とする SFWA 2，そしてそれらの飛行実証を行う SFWA 3 の 3 つの作業ユニットから構成されている．SFWA 2 では，二重反転オープンローターの適用も検討項目に入って

いる．2つ目は，GRA (Green Regional Aircraft：環境性能の高い地域航空機) 開発で，軽量，高空力効率，そして高い運航性能を達成するため，軽量化コンフィギュレーション，低騒音コンフィギュレーション，全電気式航空機，軌道管理システム，および新コンフィギュレーションといった5つの技術ドメインの開発を行っている．3つ目は，GRC (Green Rotorcraft：環境性能の高い回転翼航空機) の開発で，ヘリコプターやティルトローター機のCO_2排出低減または騒音低減に関わる要素技術やシステムの開発を行う．回転翼，機体の空力抵抗，機上電子システム，ディーゼルエンジン組み込み，飛行軌道，特別エコ仕様の飛行実証，さらに以上の開発技術を取り込んだ回転翼航空機コンセプトの最終的な環境性能評価といった7つのサブプロジェクトで構成される．4つ目は，二次電力のより高燃費な利用を可能とする全電気式機体装備品の設計や，ヨーロッパ全体の空域における軌道管理を検討する SGO (Systems for Green Operations：環境性能の高いオペレーション) 開発である．5つ目は，5つのエンジン実証を目指す SAGE (Sustainable and Green Engines：環境性能の高いエンジン) 開発で，2つのギアード二重反転オープンローターエンジン，大型三軸軽量ターボファンエンジン，ギアードターボファンエンジン，そしてターボシャフトエンジンの飛行実証を計画している．そして6つ目は，製造から機体のリサイクルまでライフサイクルを通して原料とエネルギーの最適化を行う ED (Eco-Design：エコデザイン) 開発である．7年間のこのプログラムには，欧州連合と採択企業が1対1で負担する16億ユーロもの予算がついており，16ヵ国86団体が参加している．

(b) NRA 亜音速輸送システム開発ビジョンと ERA

米国における航空に関する環境技術開発のビジョンとして共有化されているのは2007年に示された国家航空技術開発推進計画（National Aeronautics Research and Development Plan）内の NRA 亜音速輸送システム開発ビジョンである．近未来の亜音速輸送システムの騒音，排気，性能の劇的な改善を目指し，2015年以前に TRL (Technology Readiness Level)[14] 4〜6 の達成を目指

---

14) TRL (Technology Readiness Level) とは，技術の成熟度を示す指標で，航空機産業で広く導入されている．TRL 4〜6 の達成とは，要素技術の研究所レベルでの実証試験 (TRL 4) からシステムの模擬環境下での実証試験 (TRL 6) を終えることと定義されている．

す短期目標 N＋1，2015 年から 2020 年以前に TRL 4〜6 の達成を目指す中期目標 N＋2，そして 2025 年を目安に TRL 4〜6 の達成を目指す長期目標 N＋3 の 3 段階の目標が設定されている（表 6.2）．たとえば N＋2 目標は，表にあるように，騒音基準である Stage 4 に比べ 42 dB の騒音低減，排出規制 CAEP 6 に比べて 75％ の NO_x 低減，さらに 2005 年時点での大型双通路機最新性能と比べて 50％ の CO_2 排出低減などである．この推進計画は，2 年ごとに更新されている．

NASA Environmentally Responsible Aviation（ERA）プロジェクトは，国家航空技術開発推進計画で示された N＋2 達成に必要な技術の研究と開発，そうした技術の性能評価，さらに翼と胴体が一体化した機体の性能評価を目標とする．より具体的には，抗力低減のための層流化技術や，重量低減のための新しい複合材構造，そして抗力の低減と推進システムからの騒音の遮断に効果的な新しい構造，といった機体に関する技術開発と，騒音と燃費向上に適した推進装置に関する技術開発，そして N＋2 を達成することのできる推進装置と機体の統合の最適化の 3 つの軸からからなっており，B777-200 ER の機体と GE90 エンジンをベースに検討が行われている．ウェブサイト[15]によれば，4 億 1260 万ドルの予算が，2010 年より 2016 年まで計上されている．

表 6.2 は欧州および米国の環境技術開発プロジェクトをまとめたものである．さらに，機体の軽量化，空気抵抗の低減，エンジンの燃費向上，システムの最適化，飛行経路の最適化および低炭素燃料それぞれの方向性に沿って，欧州欄には主に Clean Sky 内のユニット名を，米国欄には ERA のサブプロジェクト名が提供されていないため，ERA ウェブサイト掲載の資料で紹介されている主要技術名を用いてまとめた．飛行経路の最適化については ERA プロジェクトには該当するものがなかったため，また低炭素燃料については Clean Sky と NASA ERA プロジェクト共に該当するサブプロジェクトがなかったため，それぞれの開発プロジェクトに近い組織の活動を表下に紹介した．Alternative Fuels and Biofuels for Aircraft Development（ALFA-BIRD）というプロジェクトは，Clean Sky と同じく FP 7 から 2008 年に発足した．ALFA-BIRD は，研究開発プロジェクトであり，また機体・エンジン製造，燃料産業，研

---

[15] http://www.govbudgets.com/project/Aeronautics_Research/Aeronautics/Integrated_Systems_Research/Environmentally_Responsible_Aviation_(ERA)/

究所などさまざまなパートナーを持つ多領域コンソーシアムで，さまざまな代替燃料とそのサプライチェーンの開発を目指している．またヨーロッパ内外の以下の代替燃料プログラム——Commercial Aviation Alternative Fuels Initiative（CAAFI），IATA & EU programmes SWAFEA（DG-TREN, Sustainable way for Alternative Fuels & Energy for Aviation），DREAM（FP 7 プロジェクト），OMEGA & ECATS（国内プロジェクト）——とも協力して活動を行っている．

一方，CAAFI は米国を中心としたエアライン，航空機／エンジンメーカー，エネルギー生産者，研究者，国際機関，米国政府が連携して代替燃料の開発と展開を統合的に行う組織である．Federal Aviation Administration（FAA），Aerospace Industries Association（AIA），Air Transport Association（ATA），Airports Council International-North America（ACI-NA）がスポンサーおよびリーダーを担う．GHG ライフサイクル分析を行う環境チーム，米国試験材料規格の整備（D7566 など）を行う認証品質チーム，さまざまな"Drop-in"策を検討する R&D チーム，そして投資や展開を検討するビジネス＆エコノミクスチームからなる．

以上，環境技術の最新動向について 6 つの方向性にまとめ，また欧州および米国の主要プロジェクトについての概要を示した．それぞれの技術やプロジェクトの詳細や，BWB など革新的な技術の概念図，そしてプロジェクトが進むにつれて明らかになっていく技術開発の最新情報については，Clean Sky[16]や NASA[17]のホームページ等で随時ご確認いただきたい．わが国では要素ごとの研究開発は進められているが，欧米のような大きな統合されたプロジェクトが今後は望まれる．

---

16) http://www.cleansky.eu/
17) http://www.aeronautics.nasa.gov/isrp/era/index.htm

✈ トピック 10　EU-ETS（EU の排出量取引制度）✈

　EU-ETS (European Union Emission Trading Scheme) は，いわゆるキャップ＆トレード方式を採用した EU 独自の排出量取引制度であり，発電，精油，製紙・パルプ，セメント製造，ガラス製造，鉄鋼製造等を対象に，2005 年から導入されている．キャップ＆トレード方式では，対象となる事業全体に対して，温室効果ガス排出総量の上限となるキャップを設定し，さらに個々の事業者の排出枠を設定する．排出枠は取引可能であるため，実際の排出量が設定された排出枠を超えると見込まれる場合は，他企業から排出枠を購入し，排出枠を下回る場合には，その分を他企業に売却可能となる[1]．

　航空部門については，2008 年の EU 指令[2]によって 2012 年から EU-ETS が導入されることが決定され，非 EU の航空会社であっても，EU 域内を発着する運航者はすべてその対象となることとなった．航空部門のキャップ（総排出量の上限）は，EU において 2004 年から 2006 年に航空部門から排出された CO_2 の平均値を基に決定される，いわゆるグランド・ファザリング方式を採っており，2012 年はその 97% に相当する約 2 億 1289 万トン，2013 年から 2020 年はその 95% に相当する約 2 億 850 万トンとされた．また，キャップのうち 15% はオークション売買により有償で付与され，残りの 82〜85% は各航空会社等に無償で割り当てられる．各航空会社等には，2012 年は，2010 年の運航実績（1000 トンキロ）に 0.6797 を乗じた CO_2 排出枠が，2013 年から 2020 年は，0.6422 を乗じた排出枠が，無償で割り当てられることとなった．

　EU-ETS 制度の運用は開始されたものの，ICAO（国際民間航空機関）での議論との整合性や，6.2.3 項で述べたように反対の姿勢を表明している米国，中国等の航空会社との関係など，その船出は必ずしも順風満帆ではない[3]．今後は，EU-ETS による CO_2 削減効果や，航空会社への経済的負担，運航に与える影響等について検証するとともに，ICAO における議論を加速化させることが求められる．さらに，わが国においても，2010 年に通常国会に提出された地球温暖化対策基本法案（廃棄）では，国内排出量取引制度の法整備を行うことが盛り込まれており，今後こうした動きが再浮上する可能性もある．このため，国際的動向を踏まえつつわが国の航空部門にとってどのような仕組みが望ましいのかについて，検討を進めることも必要となっている．

---

1) 岡野まさ子，日原勝也，鈴木真二：国際民間航空と地球環境問題――排出量取引制度と航空（その 1），日本航空宇宙学会誌，第 58 巻第 679 号，2010．
2) EC: Directive 2008/101/EC of the European Parliament and of the Council of 19 November 2008.
3) 岡野まさ子，日原勝也，鈴木真二：国際民間航空と地球環境問題――排出量取引制度と航空（その 2），日本航空宇宙学会誌，第 60 巻第 3 号，2012．

付録 演習：交渉学の航空工学教育への導入

　本書の基礎となっている東京大学における講義では，航空に関連した産官学の講師を招き，技術論から政策論，産業論，ビジネスモデル，航空金融等に至るまで，航空に関する広範な内容について講義を行うとともに，その集大成として，航空業界における実際のビジネスを模したビジネスシミュレーション演習を実施している．この演習には交渉学のアプローチを用いており，実社会で役立つ実務的な教育となっている．ここでは，この演習の概要について紹介することとしたい．

1　交渉学の基礎[1],[2],[3]

　「交渉学」は，米国ハーバード大学のロジャー・フィッシャー教授が1978年にスタートさせた調査研究に基づく学問であり，1981年にその研究成果が日本にも紹介されている．東京大学先端科学技術研究センターにおける「MOT (Management of Technology) 知財専門人材育成プログラム」（2003年）等を通じて，日本人の特性に応じた交渉学教育の研究が進められており，本講座では，この研究成果を活用した．交渉学教育は，米国ハーバード大学ロースクールの教育からスタートしており，模擬裁判に起源を持つロール・シミュレーションによる演習型学習方法（以下，模擬交渉という）を用いて実施されている．ここで言う交渉とは，「複数の当事者の間に，利害関係などのズレ，対

---

[1] ロジャー・フィッシャー，ウィリアム・ユーリー，ブルース・パットン：新版ハーバード流交渉術，TBSブリタニカ，1998.
[2] 田村次朗，一色正彦，隅田浩司：ビジュアル解説　交渉学入門，日本経済新聞出版社，2010.
[3] 一色正彦，高槻亮輔：売り言葉は買うな！ビジネス交渉の必勝法，日本経済新聞出版社，2011.

立・衝突（コンフリクト）という問題が発生し，それを乗り越えるために行う双方向コミュニケーションなどの問題解決のプロセス」[4]である．東京大学では，本講座以外でも，工学系研究科技術経営戦略学専攻「企業価値と知的財産」や公共政策大学院「交渉と合意」の授業で交渉学を扱っている．

　交渉学は，実際の交渉事例を徹底的に分析し，成功確率を上げるための理論パターンを抽出した論理学的アプローチと，交渉中に陥りやすい心理的な罠を回避するための心理学的アプローチにより構成された実践的な方法論である．米国ハーバード大学には，交渉学研究所があり，米国のみならず，世界各国の事例の調査研究を行うとともに，ロースクール，ビジネススクール等で模擬交渉を用いた交渉人材の教育が行われている．"Win-Win"という言葉は，複数の当事者がお互いに価値ある関係を構築し，それが維持できている状態であるが，交渉学研究から導き出されたキーワードである．日本の大学では，大学院等の実務教育において，模擬交渉形式の授業で活用されており，金沢工業大学大学院国際標準化プロフェッショナルコースでは知的財産のプロ育成に，慶應義塾大学大学院経営管理研究科（ビジネススクール）では経営人材の育成に，それぞれ活用されている．

　ここでは，まず，交渉学の論理学的アプローチの骨格となる3つのキーワードを，売主が買主に新しい製品を購入してもらうための売買取引の交渉を例に説明する．

1.1　Mission（ミッション）

　売買取引では，対象となる製品について，売主はいかに良い条件で売るか，買主はいかに良い条件で買うか，に着目しやすいが，交渉の本質はこの点ではない．売主が製品を売り，買主は製品を買い，その先に実現したい"何か"があるからだ．

　たとえば，次節で紹介するビジネスシミュレーション演習では，新しいリージョナルジェット機の開発・製造を行った航空機メーカー（売主）とリージョナルジェット機の購入を検討している航空会社（買主）との交渉のケースを扱ったが，売主は，単に買主にリージョナルジェット機を販売したいのでは

---

[4]　ロジャー・フィッシャー，1998，再掲，pp. 5–6.

なく，ローンチカスタマー[5]としてのパートナーを求めて交渉し，買主は，ローンチカスタマーとなる価値とリスクを比較衡量してパートナーになりうるかを交渉するケースとなっている．

このように，交渉で何を実現したいかを「ミッション」と呼んでいる．ミッションは，交渉の軸となる判断基準である．

1.2　ZOPA（Zone of Possible Agreement：ゾーパ）

ミッションは，上位概念であり，具体的な交渉条件まで落とし込む必要がある．それがゾーパ（交渉可能領域）である．交渉の目的は，ミッションの実現であり，ゾーパは，それを具体化するものである．ゾーパは，価格などの具体的な条件について，最高と最低の二段構えの条件を設定し，幅を持たせる考え方であり，売主と買主が，お互いにゾーパを設定して交渉に臨めば，お互いの幅が重なる箇所（Positive Bargaining Zone：合意可能範囲）が生まれる．これにより，合意条件が決まることになる．

1.3　BATNA（Best Alternative to a Negotiated Agreement：バトナ）

一方，ビジネスの世界では，すべての相手とWin-Win関係になれるとは限らない．お互いにWin-Win関係のパートナーを目指して交渉しても，その相手がパートナーとして適格ではない場合もある．しかし，売主と買主は，ミッションを実現する必要があり，その場合は，別の選択肢を用意する必要がある．交渉している相手とミッションを実現できなかった場合，それに備えてあらかじめ代替選択肢を準備しておくことが，バトナである．バトナは，交渉学研究における最大の発見の1つと言われているほど重要である．

本講座では，以上を習得するために簡単なケースを使用して模擬交渉を実施したうえで，講義全体の集大成として，ビジネスシミュレーション演習を実施した．以下に，同演習における模擬交渉のプロセスを説明する．

5）　ローンチカスタマー（launch customer）とは，航空機メーカーが新機種の製造開発に踏み切るのに十分な規模の発注を初めて行い，その新機種を立ち上げる後ろ盾となる顧客のこと．通常，中堅から大手航空会社が単独または複数でローンチカスタマーとなる．

2 ビジネスシミュレーション演習[6]

2.1 ケース概要

ビジネスシミュレーション演習では，航空会社であるS航空会社と航空機メーカーであるH重工という架空の会社を設定し，民間航空機の開発・売買を巡る実際のビジネス事例に近いケースを作成，使用した．このケースでは，①共通情報，②買い手であるS航空会社側の情報，③売り手であるH重工側の情報，の3種類の情報シートがあり，①は全員に，②はS航空会社側のグループのみに，③はH重工側のグループのみに配付した．

それぞれの概要は以下のとおりである．

〈共通情報〉
- 航空機メーカーH重工は，これまで，欧米機体メーカーのサプライヤーとして国際的な地位を確立．しかし，今後は，付加価値の高い完成機メーカーに脱皮することを決め，社運をかけて70席機のリージョナルジェットであるHRJ70の開発に着手した．HRJ70は燃費効率が競合他社より優れている点がアピールポイントであり，現在，ローンチカスタマー（脚注5）参照）となる企業を探している．
- 一方，大手物流会社の子会社として堅調に成長しているS航空会社は，所有しているターボプロップ機（36席）の後継機を探している．現在は鹿児島を拠点としてネットワークを形成しているが，羽田空港の発着枠拡大を機に羽田空港に就航し，近距離アジアにも展開したいと考えている．そのため，70席クラスのリージョナルジェット機導入も検討中である．
- H重工がS航空会社にアプローチし，HRJ70を売り込んだが，S航空会社としては，70席機に加えて，ターボプロップ機の後継機として50席機も併せて開発してほしいと要請．
- 1ヵ月後に，両社の担当部長間で再度交渉することとなった．

---

[6] 岡野まさ子, 一色正彦, 鈴木真二：航空工学教育におけるビジネスシミュレーション及び交渉学演習の導入, 工学教育（掲載予定）.

〈S航空会社側の情報〉
- 50席機については，他に製造しているメーカーがほとんどないため，H重工に期待．しかし，整備部門から求められている厳しい仕様条件と財務部門から示されている予算制約の両者を満たす必要がある．
- まだ完成機メーカーとして実績のないH重工についてはアフターサービス等で一定の不安もあるが，一方で，久々の国産旅客機であるHRJ70のローンチカスタマーとなることにも魅力を感じている．
- 今回の交渉でH重工と組めないと判断した場合は，70席機はカナダのメーカーの機体を購入し，50席機については中国かロシアの新興メーカーと交渉する予定．

〈H重工側の情報〉
- 50席機は，需要規模もそれなりにあり，ライバルもほとんどいない．このため，開発を検討していた時期もあり，困難ではあるが実現不可能ではない．
- 50席機を開発する場合，HRJ70をベースにダウンサイズするか，あるいは，まったく新規に開発するかの選択肢があり，それぞれの開発費や開発期間，実現できる仕様条件等がS航空会社のニーズに合致しているかが問題である．
- ぜひS航空会社にHRJ70のローンチカスタマーとなってほしいが，もしS航空会社と組めないと判断した場合は，中国のLCC（格安航空会社）と交渉する予定．

2.2 模擬交渉のプロセス

以上のようなケースを用いて模擬交渉を実施した．演習では，S航空会社側とH重工側にグループを分けたうえで，模擬交渉自体は2人一組のチームで行った．その際，以下に述べるように，(a) 事前準備（各自），(b) 作戦会議（グループ単位，交渉チーム単位），(c) 模擬交渉（交渉チーム単位），(d) 感想戦（交渉相手との間），(e) 全体フィードバック，といったプロセスで進められた．

(a) 事前準備

先述のとおり，受講生には，共通情報（双方のグループが共通に知っている情報）と個別情報（それぞれのグループのみを対象とし，交渉相手が知らない情報）のシートが配付される．最初に，講師から交渉学の講義を受けて学習した理論パターンに基づき，受講生が各自で交渉シナリオを準備する．交渉シナリオは，ミッション，ゾーパ，バトナを含み，これらをどのような順番で，どのような表現で交渉するかを準備するものである．交渉では，相手に隠された背景や狙いがあるのが通常であり，それをいかに質問から引き出すかを考えて準備を行う．

(b) 作戦会議

交渉シナリオ作成においては，論理的思考により幅広い選択肢を考えることが重要である．しかし，1人で考える選択肢には限界があり，同じ役割の個別情報を持つ受講生同士で議論することにより，それぞれの交渉シナリオをレビューできるとともに，選択肢を広げることができる．この演習プロセスを作戦会議と呼んでいる．実際の模擬交渉は2名対2名の交渉チームごとに実施したが，その前段階として，同じグループ同士（S航空会社同士またはH重工同士）の6名程度による議論を行った．その後，交渉チーム内でも作戦会議を行った．

(c) 模擬交渉

模擬交渉は，前半と後半の2つのパートに分かれて実施した．前半では，相手からの情報を引き出すとともに，自分達の考えを相手に伝えるコミュニケーションを中心に交渉し，途中に休憩を挟んだ．休憩の間は，交渉チームで前半の交渉を振り返り，後半の交渉に備えた．この時間は，同じグループ同士での情報交換は許可されているので，他の交渉チームの進捗状況から，自分達の交渉内容をレビューすることもできる．休憩後の後半は，前半の交渉を踏まえて，具体的な条件を詰める交渉となった．

(d) 感想戦

交渉時間終了後，交渉相手と行うのが感想戦である．感想戦では，最初に，模擬交渉の段階では秘密としていた個別情報（S航空会社側の情報シートとH重工側の情報シート）をお互いに交換し，どのような状況で何を実現しようと交渉していたのかを共有した．そのうえで，模擬交渉において何が問題で

あったか，それを乗り越えるためにどのような方法があったかを議論した．
(e) 全体フィードバック

最後に，講師のガイダンスに基づき，各チームの交渉結果を共有した後，本ケースの学習目標に基づき，講師からレビューを受けた．

3 まとめ

以上のようなビジネスシミュレーション演習を行った結果，学生からは，「交渉学やビジネスシミュレーションの演習の機会をもっと増やしてほしい」，「大局的な視点が身についた」，「大学院ではインプット型の講義が多いなかで，交渉のシミュレーションを行うなどアウトプット型の講義があるのは貴重」，「技術に偏らず，交渉もできる技術者になろうと感じた」，「今後社会に出てから非常に役立つ」といった意見が多数出された．また，本演習が1年間を通じた講義全体の理解を深めるのに役立ったかについてアンケートを実施したところ，約8割の学生が，「大いに役立った」または「役立った」と回答した．

東京大学では，今後も交渉学演習およびビジネスシミュレーション演習を継続し，航空産業で活躍できる知識と実践力を有した人材の育成に取り組むこととしている．

あとがき

「まえがき」に，本年，すなわち 2012 年は，戦後初の国産旅客機 YS-11 の初飛行から 50 年を迎えると記したが，100 年前の 1912 年は，日本の民間航空の創成の年でもあった．現在は，埋め立てによりその面影は皆無であるが，千葉市稲毛の浅間神社前を通る国道 14 号線（千葉街道）一帯の海岸線に，日本で最初の民間飛行場が開設されたのは大正元（1912）年のことであった．創設者は，国産飛行機の初飛行に前年成功していた奈良原三次氏であった．東京帝大造兵学科卒のあと海軍軍属技士となった奈良原氏は，1909 年に政府に設立された臨時軍用気球研究会の委員に任じられた．この研究会は，日本への航空機の導入を検討するために設置されたもので，1910 年には，徳川・日野両大尉を欧州に操縦技術の習得と機体の購入のために派遣した．両大尉が，同年 12 月に，購入した欧州機による日本で初めての飛行に代々木練兵場で成功したのは周知のことである．奈良原氏は，軍籍を離れ，この初飛行の少し前に自作の機体の飛行を試み，離陸には至らなかったものの，徳川・日野両大尉の機体整備を通して航空機への理解を深め，翌年の 1911 年 5 月 5 日には，所沢に開設された陸軍の飛行場において，国産飛行機の初飛行に成功している．エンジンはフランス製だったとはいえ，これほど短期間に自作の機体の飛行に成功したことは驚きである．所沢は陸軍の飛行場であったため，奈良原氏は稲毛の海岸に活動の拠点を移し，機体の開発のみならず，民間パイロットの養成を手掛けるとともに各地を飛行し，日本の民間航空の基礎を築いた．ただし，政府は，海外から航空機を手っ取り早く輸入する方針を採用したため，その事業は容易ではなかったと見え，奈良原氏は 1913 年には早々に航空界から引退してしまった．

　海外からの機体，およびその後の技術導入のあと，1930 年代には神風号による欧州への飛行，航空研究所による長距離飛行世界記録，ニッポン号による世界一周飛行など国産航空機のレベルは急速に向上した．第二次世界大戦の敗戦によってすべての航空の活動は消滅してしまったが，その後の復興は

「まえがき」で述べた通りである．複雑で高度な技術開発を必要とし，整備関連サービスまで含めた幅広い裾野を持つ航空機産業への期待は大きく，YS-11 からほぼ半世紀ぶりに国産旅客機 MRJ の開発が進んでいる．国内各地では，空洞化するものづくりへの危機感から航空機産業参入への動きがある．航空運送に関しては，2011 年 3 月 11 日の大震災で，航空が大規模な震災時に大きな力となることが見直され，また，LCC での国内航空運送，B787 という新機材による海外航空運送が脚光を浴びている．100 年前の奈良原氏の民間航空への夢が蘇る，今こそ戦後二度目の日本の航空ルネッサンスなのではないか．広くて深い航空の世界に，この本が迫ることができればと想い，あとがきとしたい．

索引

[あ行]

脚の空力騒音　15
アセット・ファイナンス　187
アフターサービス　49, 51–54
アメリカ陸軍航空軍　39
アライアンス　82, 119
安全監査　98
安全管理規程　98
安全寿命設計　5
安全性　98
以遠権　75
一次レーダー　161
異物衝突　18
インセンティブ設計　140
インターナショナル・リース・ファイナンス・コーポレーション社　186
インタロゲータ　157
インベストメントバンク　181
インマルサット　155
ウィングレット　3
ウェット・リース　189
運航安全性　19
運航管理者　98
運航技術　14
運航規程　97
運輸権　72, 75, 77
エアバス社　48, 50, 55, 181
衛星移動通信サービス　156
衛星航法システム　159
衛星データリンク　155
エンブラエル社　48, 55, 181
応力外皮構造　4
大型鍛造部品　30
沖合展開事業　130
オートパイロット　9

オーバーホール　34
オフバランスシート　185
オープンスカイ　69
　——協定　79, 80
　——政策　79, 82
オープンローター　13, 61, 203, 204
オペレーティング・リース　183–185
オン・コンディション　102

[か行]

開発金融　182
格安航空会社　→　ローコスト・キャリア
貸し手　→　レッサー
寡占構造　24
カーチス・ライト社　43
カボタージュ　75, 76
借り手　→　レッシー
環境適合性　24
監視　177
慣熟効果　42
慣性基準装置　161
管制業務　146
管制区管制所　145
管制圏　146
慣性航法装置　160
管制情報処理システム　141
機会費用　42
技術の波及・高度化　23
機体の軽量化　200
北基準信号　158
技能証明　95
希薄燃焼方式　17
基本設計　42
逆問題解法　11
キャップ&トレード方式　207
キャリア運賃　75

救難調整本部　147
境界層制御　3
競争促進政策　67
協調的意思決定　170
共通だが差異ある責任　→　CBDR
京都議定書　193
極東航空　65
銀行調達　180
空域管理　150
　　──システム　151
空気抵抗の低減　200
空港運営のあり方に関する検討委員会　138
空港監視レーダー　161
空港管理　166
空港三大プロジェクト　→　三大プロジェクト
空港使用料　128
空港整備五箇年計画　126, 128
空港整備特別会計　126, 128
空港整備法　126
空港法　132
空港面探知レーダー　161
空地 SWIM ネットワーク　174
空調系統　33
空白期間　26
空力抵抗低減　11
グライドパス　159
グランドハンドリング　112
グローバル・アライアンス　70, 83
クロフォード　43
計器飛行方式　143
警急業務　147
型式証明　94
軽量化　41
ケープタウン条約　188, 190
研究開発集約型　22
研究長期ビジョン　171
原油価格　46
光学計測技術　17
公共用飛行場周辺における航空機騒音による障害の防止等に関する法律　128

航空運航管理　155
航空運送事業　89, 97
航空英語能力証明　96
航空管理通信　155
航空機アンテナ　177
航空機開発　26
航空企業規制緩和（廃止）法　78, 123
航空機共同開発促進基金　183
航空機共同保有機構　123
航空機騒音規制　61
航空機騒音証明制度　129
航空機燃料税　116, 119
航空機ファイナンス　179
航空局　143
航空機リース　183
航空憲法　67
航空交通管制　141
　　──区　146
　　──部　143
航空交通管理　141
航空交通業務　141
航空交通システム　141
航空交通流管理　149
　　──システム　150
航空事故　89
　　──調査　124
航空自由化　108
航空従事者　95
航空身体検査証明　95
航空の空白期間　65
航空の自由化　115
航空法　93, 131
航空路監視レーダー　161
航空路管制　147
航空路レーダー情報処理システム　148
交渉学　209
　　──研究所　210
工数逓減　43
高精度航法　19
航続距離　2
降着装置系統　31

交通同期　167
交通流制御　150
高付加価値産業　22
航法　8, 177
　　──システム　156
　　──誘導制御技術　8
国際共同開発　24, 182
国際協力銀行（JBIC）　180
国際航空運送協会（IATA）　74
国際航空運送協定　72, 77
国際航空業務通過協定　72
国際ハブ空港　133
国際標準　91
国際民間航空会議　→　シカゴ会議
国際民間航空機関（ICAO）　16, 61, 74, 91, 129, 166
国際民間航空条約　→　シカゴ条約
国籍条項　72
極超音速機　21
国土交通省成長戦略　137
コックピット・ボイス・レコーダ　124
コードシェア　70, 82
コブ・ダグラス型関数　39
個別応答　163
個別工数モデル　43
個別質問　163
コメット　124
コンセッション　138
コンディション・モニタリング　102
コンフリクト　167

[さ行]

災害情報システム　20
最大離陸重量　2
作業係数　42
サービスプロバイダ　154
サブシステム開発　25
サプライチェーン　26, 28
サーマルNO_x　16
産学官連携　29
産業再編　24

三大プロジェクト　126, 129, 130, 143
サンフランシスコ講和条約　65
ジェット化　126, 128
　　──空港　125
ジェット騒音　15, 61
ジェット旅客機　44
シカゴ会議（国際民間航空会議）　72
シカゴ条約（国際民間航空条約）　72, 90, 142, 194
シカゴ体制　72
時間管理　172
事業許可制　69
資金調達　42
市場　44
システム・インテグレータ　30
システムの最適化　201
次世代エンジン　59
次世代気象ネットワーク　168
自然層流翼　3
自動操縦　9
社会資本整備重点計画　128
社会資本整備特別会計　123
　　──空港整備勘定　128
自由化　109
修理　34
需給調整　65
　　──規制　68, 131
　　──規制の撤廃　131
樹脂含浸成形（RTM）　6
首都圏空港容量不足　68
ジュラルミン　4, 5
進入管制　147
　　──区　146
信頼性管理　104
推進効率　7, 200
スカイチーム　83
スカイマーク社　69
スターアライアンス　70, 83
スピンオフ　23
スホーイ社　48
生産基盤　27

生産高　27, 28
製造工数　42
性能準拠型の運用　170
整備規程　98
整備要目　100
政府輸出金融　188
精密経路情報　172
ゼネラル・エレクトリック社　49
セミモノコック構造　4
セール・アンド・リース・バック取引　183, 186
先進複合材料　40, 41, 46
全日本空輸株式会社（全日空）　66
戦略産業　23
騒音　8
――基準適合証明制度　129
――低減　15
操縦系統　33
増大係数（Growth Factor）　41
装備品　30
ソニックブーム　20
ゾーパ　→　ZOPA
空の自由　75
損益分岐　44
――点　45, 46
損傷許容設計　5

[た行]

耐空証明　93, 129
耐空性　34
大日本航空株式会社　64
大量高速輸送時代　66
ダウンサイジング　69
ダブル・トリプルトラック　68
ターボファン　6
ターミナルレーダー管制　147
ターミナルレーダー情報処理システム　148
ターンアラウンドタイム（TAT）　112, 113
単機黒字化　46
炭素税　195
炭素繊維　28

――強化複合材料　5
――強化プラスチック（CFRP）　40, 200
単通路機　46
地上 SWIM ネットワーク　174
地文航法　152
着陸誘導管制　147
着陸料　123
超音速輸送機　20
通過権　75
通信　177
逓減率　43
定時性　99
低燃費化技術　31
ディファレンシャル方式　160
デジタルデータリンク　154
デリバリーポジション　185
電動化　201
――技術　31
電動コンプレッサ　33
東亜航空の合併（東亜国内航空）　67
東西定期航空会　64
搭乗率保証契約　140
特殊工程　29
特殊法人日本航空機製造株式会社　58
独占禁止法（競争法）適用除外認定（ATI）　75, 83, 85
特別管制区　146
特別目的会社（SPC）　188
独立行政法人日本貿易保険（NEXI）　180
トヨタ生産方式（Lean Manufacturing）　40
トラジェクトリ　169, 172, 173
トランスポンダ　157
トランチング　188
トレードオフ　41

[な行]

ナショナル・フラッグ・キャリア　109
ナノチューブ　6
二次監視レーダー　162
二次空港　111, 112, 121
日米航空協定　65

日本エアシステム　71
日本貨物航空　67
日本航空株式会社（旧日本航空）　65
日本航空輸送株式会社　64
日本航空輸送研究所　64
日本ヘリコプター輸送　65
人間中心設計　59
認証制度　37
熱効率　13, 200
熱サイクル　14
ネットワーク・キャリア　88, 114, 116, 120
燃料消費削減技術　11
燃料消費率　2, 46

[は行]

バイオ燃料　202
排出量取引　195
バイパス比　7, 12
ハイブリッド風洞　12
ハイブリッド複合材成形法　13
発着枠　70
ハード・タイム　102
バトナ　→　BATNA
ハブ＆スポーク　110
バミューダⅠ　77
バミューダⅡ　77
バミューダ協定　72, 77
バリューチェーン　51–53
販売金融　179
飛行管理システム　144
飛行計画　144
飛行経路の最適化　201
飛行場管制　147
飛行情報管理システム　148
飛行情報業務　147
非差別原則　194, 196
ビジネスシミュレーション演習　210–212
ビジネスモデル　51–54, 84, 88, 106
比推力　7
標準時間　42
品質管理　22

品質マネジメント規格　29
ファイナンス・リース　185
ファン騒音　15, 61
風洞実験　1
フェールセーフ設計　5
4DT　166
複合材　12
フライト・データ・レコーダ　124
フラッター　18
プラット・アンド・ホイットニー社　49
フリート構成　189
ブレイトンサイクル　6
ブレゲ（Breguet）の式　2
ブレンデッドウィングボディ　4
プロアクティブ・エンジニアリング　105
プロダクトサポート　28, 49, 53, 54
ヘルスモニタリング　18
　――技術　5
ボーイング社　48, 50, 55, 181
補助基準信号　158
北海道国際航空　69
補用品市場　34
ボラティリティ　184
ホリゾンタル・アグリーメント　81
ボンバルディア社　48, 55, 181

[ま行]

マイレージ・プログラム（FFP）　82, 85
マーカビーコン　159
マルチラテレーション　164
ミッション　→　Mission
三菱航空機株式会社　48, 55
民間転用　29
無人機　20
無人航空機　9
無線航路標識　142
模擬交渉　209, 213
モーフィング　4, 5

[や行]

有視界気象状態　144

有視界飛行方式　143, 144
誘導　8
輸出信用供与　181
揚抗比　2
洋上管制区　146
洋上管制データ表示システム　150
洋上管理　150
4次元気象データベース　171
予冷ターボエンジン　21
45・47体制　67, 116

[ら・わ行]

ライセンス生産　26
ライダー　20
ライト兄弟　37
リージョナルジェット機　56, 57, 59, 210, 212
リース会社　46
リスク管理　140
離島航空路維持　123
リブレット　3
旅客キロ数　110
リーンマニュファクチャリング　25
累積製造機数　45
ル・プリウール　63
レッサー（貸し手）　182, 183
レッシー（借り手）　182, 183
ローカライザ　159
ローコスト・キャリア（LCC）　26, 46, 70, 88, 107, 110–116, 119–122, 213
路線免許制　68
ロッキード社　43
ロールス・ロイス社　49
ローンチカスタマー（launch customer）　211–213
ワンワールド　70, 83

[欧文]

AATF（空港・航空路信託基金）　123
ACARE（Advisory Council for Aeronautical Research in Europe）　202, 203
ACARS　154
ACIM（Aircraft, Crew, Maintenance, Insurance）　189
ADF　157
ADS　165
ADS-B　165
ADS-C　165
AeroMACS　176
ALFABIRD　203
Alternative Fuels and Biofuels for Aircraft. Development（ALFA-BIRD）　205
ASAS　165
ASMGC　167
ASPIRE（ASia and Pacific Initiative to Reduce Emissions）　201–203
ATA（American Transport Association）　30
ATCC　142
ATI（Anti-Trust Imminity）　→　独禁法の適用除外認定
ATMセンター　145
A-VaRTM　59
AVIC　50, 56
B787　28, 71
Bank Settlement Plan（BSP）　74
BATNA（バトナ）　211, 214
Bファクター　43
Black Metal　40
BNDES（ブラジル国立経済社会開発銀行）　183
BWB（Blended Wing Body）　200, 206
CAAFI　203
CAEP　61
CARATS　166
CBDR（common but differentiated respons and respective capabilities）　193, 194, 196
CFRP　→　炭素繊維強化プラスチック
Clean Sky　203, 205, 206
CMC　14
CNS　152
CO_2　8, 191
　——排出削減　11, 32, 199, 203
COMAC　51, 56

Commercial Aviation Alternative Fuels Initiative (CAAFI)　206
COP17（第17回締約国会議）　193
COP18　193
CPDLC　155
DC-8　66
DME　157
DREAMS　20
D-SEND#2　21
EAS（Essential Air Service）制度　123
EASA　37, 103
ECA（Export Credit Agency）　180
EHA　31
Electric Green Taxing System　32
EMA（Electro Mechanical Actuator）　33
ERA　→　NASA Enviromentally Responsible Aviation
EU-ETS（European Union Emission Trading Scheme）　196, 207
EUの「シングルスカイ」　80
EUの域内共通航空政策　81
FAA　168
FBW　9
FCS（Flight Control System）　33
FIR　145
FIS-B　172
FLYNG MACHINE　37
FMS　9
FFP　→　マイレージ・プログラム
GBAS　160, 173
GEコマーシャルアビエーション・サービス社　186
GIACC（Group on International Aviation and Climate Change）　194, 195
GPS　10, 160
IAQG　60
IATA　→　国際航空運送協会
────Cleaning House（ICH）　74
────運賃　74
ICAO　→　国際民間航空機関
IEC　60

IFR　143
ILS　159
ISC　103
ISO　60
JAXA　11, 40
JBIC　→　国際協力銀行
JIS Q 9100　60
JPDO　168
LCC（Low Cost Carrier）　→　ローコスト・キャリア
LDACS　176
LDI　17
Load Factor　116
Mission（ミッション）　210, 211, 214
MPD　103
MRBレポート　103
MRJ　24, 29, 59, 71, 94
MRO　49, 53, 54
MSG　102
MSG-3　103
MTSAT　155
Nadcap　60
NASA Enviromentally Responsible Aviation（ERA）　205
National Aeronautics Research and Development Plan　204
NDB　157
NextGen　166
Noise排出削減　203
NO_X　8
────排出削減　203
────低減　16
OECD Aircraft Sector Understanding（航空機セクター了解）　181
ORSR　164
Point-to-Point運航　113
PSO（Public Service Obligation）　123
RAND研究所　39
RTM　→　樹脂含浸成形
SBAS　160
SESAR　166

―― Joint Undertaking　169
SFC　6
SPC（Special Perpose Company）　→　特別目的会社
SSR（モードA，モードB，モードC）　162, 163
SWIM　168
T-1　58
TACAN　157
TAT　→　ターンアラウンドタイム
TCAS　167
Tier（1st Tier, 2nd Tier, ……）　25, 47, 48, 55, 57
TIS-B　172
UAT　165

UHF通信装置　153
UNFCCC（United Nations Framework Convention on Climate Change：気候変動に関する国際連合枠組条約）　193
VaRTM　12
VDL　155
―― Mode2　176
VFR　144
VHF通信装置　153
VOR　157
VORTAC　159
Win-Win　210, 211
YS-11　58
ZOPA（ゾーパ）　211, 214

執筆者および分担一覧 (執筆時)

[編者]

鈴木真二　　　東京大学大学院工学系研究科教授
岡野まさ子　　東京大学総括プロジェクト機構特任准教授

[執筆者] (五十音順)

青木隆平	東京大学	1.1 節
一色正彦	東京大学	付録
岡野まさ子	東京大学	目的と対象範囲, 3.1 節, 3.2 節, 6.1 節, 6.2 節, 付録, トピック 5, 9, 10
奥田章順	(株) 三菱総合研究所	1.6 節
酒井正子	帝京大学	2.1 節
佐藤　進	全日本空輸 (株)	2.5 節
宍戸昌憲	三菱商事 (株)	2.6 節, 第 5 章
島村　淳	国土交通省航空局	2.4 節
鈴木真二	東京大学	はじめに, 1.1 節, おわりに, トピック 1, 4, 6
鈴木和雄	(独) 宇宙航空研究開発機構 (JAXA)	1.2 節
高木伸吾	三菱重工業 (株)	トピック 2
高橋教雄	住友精密工業 (株)	1.4 節
竹森祐樹	(株) 日本政策投資銀行	第 5 章
手島宏仁	三菱航空機 (株)	トピック 2
中村裕子	東京大学	6.3 節
林　宗浩	(株) 島津製作所	1.4 節
日原勝也	東京大学	3.2 節, 6.2 節, トピック 7
藤巻吉博	国土交通省航空局	2.4 節

森本哲也	(独)宇宙航空研究開発機構(JAXA)	1.5 節
守屋伸介	(株)ANA総合研究所	2.2 節，2.3 節
柳田　晃	(一社)日本航空宇宙工業会	1.3 節，トピック3
山村　肇	国土交通省航空局	2.4 節
山本憲夫	(独)電子航法研究所	第4章，トピック8
李家賢一	東京大学	1.1 節
渡辺紀徳	東京大学	1.1 節

編者略歴

鈴木真二（すずき・しんじ）
東京大学大学院工学系研究科教授（工学博士）
1979 年　東京大学大学院工学系研究科修士課程修了
1979 年　（株）豊田中央研究所入社
1986 年　東京大学工学部助教授
1996 年　同教授
日本航空宇宙学会前会長
著書：『飛行機物語』（中公新書，2003）他多数

岡野まさ子（おかの・まさこ）
国土交通省鉄道局都市鉄道政策課長
1993 年　東京大学経済学部卒業
1993 年　運輸省（現・国土交通省）入省（航空局配属）
1997-1999 年　カリフォルニア大学バークレー校留学（MBA）
国土交通省航空局航空衛星室長等を歴任の後
2009 年　東京大学統括プロジェクト機構特任准教授
2013 年より国土交通省に異動，観光庁国際観光課長等を経て現在に至る

現代航空論
技術から産業・政策まで

2012 年 9 月 20 日　初　版
2017 年 12 月 20 日　第 2 刷

［検印廃止］

編　者　東京大学航空イノベーション研究会
　　　　鈴木真二・岡野まさ子

発行所　一般財団法人　東京大学出版会
　　　　代表者　吉見俊哉
　　　　153-0041　東京都目黒区駒場 4-5-29
　　　　電話 03-3811-8814　Fax 03-3812-6958
　　　　振替 00160-6-59964

印刷所　研究社印刷株式会社
製本所　牧製本印刷株式会社

© 2012 UT Study Group for Aviation Innovation *et al.*
ISBN 978-4-13-072150-9　Printed in Japan

JCOPY 〈（社）出版者著作権管理機構　委託出版物〉
本書の無断複写は著作権法上での例外を除き禁じられています．複写される場合は，そのつど事前に，（社）出版者著作権管理機構（電話 03-3513-6969，FAX 03-3513-6979，e-mail: info@jcopy.or.jp）の許諾を得てください．

冨田信之
ロシア宇宙開発史　気球からヴォストークまで　A5判・520頁・5,400円

橋本毅彦
飛行機の誕生と空気力学の形成　A5判・416頁・5,800円
国家的研究開発の起源をもとめて

加藤寛一郎・大屋昭男・柄沢研治
航空機力学入門　A5判・280頁・3,800円

狼　嘉彰・冨田信之・中須賀真一・松永三郎
宇宙ステーション入門［第2版補訂版］　A5判・344頁・5,600円

冨田信之
宇宙システム入門［オンデマンド版］　A5判・240頁・3,800円
ロケット・人工衛星の運動

佐藤　靖
NASAを築いた人と技術　A5判・328頁・4,200円
巨大システム開発の技術文化

栗木恭一・荒川義博　編
電気推進ロケット入門　A5判・274頁・4,600円

加藤寛一郎
飛ぶ力学　四六判・248頁・2,500円

加藤寛一郎
空の黄金時代　音の壁への挑戦　四六判・340頁・2,800円

ここに表示された価格は本体価格です．御購入の
際には消費税が加算されますので御了承ください．